KB230708

엄마도 사랑을 연습합니다

엄마도 사랑을 연습합니다

윤지영 지음

20만 부모 멘토 윤지영 쌤의
말보다 행동으로 보여 주는
사랑의 기술

카시오페아
Cassiopeia

사랑으로 키우고 싶은데
자꾸 무너지는
마음에 대하여

5년 전, 아들의 초등학교 입학에 맞추어 우리는 제주도로 '일 년 살이'를 왔다. 그때 살던 집은 등하교를 도보로 할 수 없어 매번 차로 아이를 데려다주고 데리러 와야 했다. 아침에는 두 아이를 함께 학교에 데려다줬지만, 하교 시간은 1학년 아들과 5학년 딸이 제각각 달라서 늘 두 번씩 움직여야 했다.

딸아이는 종소리와 함께 번개처럼 나오는데, 아들 녀석은 늘 늦게 나왔다. 아이들이 썰물처럼 빠져나가면 교문 앞에 홀로 남아 하염없이 아들을 기다리는 게 내 일상이었다. 하루는 하교 시간을 30분이나 넘겼는데도 아이가 나오지 않았다. 그때는 코로나 때라 학교 안의 출입이 불가능했다. 교문 앞에서 한 발짝도 들어갈 수 없어 나는 발만 동동 굴렀다.

무슨 일이 생긴 건 아닐까?

혹시 내가 오기 전에 혼자 나간 건 아닐까?

실종 신고를 해야 하나?

40분 가까이 아이가 안 나오자 결국 담임 선생님께 전화를 드렸다.

"태양이 못 만나셨어요? 오늘은 알림장 빨리 쓰고 갔는데요 (아들은 알림장을 늦게 쓰는 것으로 유명하다)."

"네? 교실에서 나간 지 얼마나 됐나요?"

"한참 됐어요. 한 30분은 된 거 같은데요. 어머니, 제가 찾아볼 게요."

제시간에 안 나오는 아들을 찾아 방송을 하고 선생님이 학교를 뒤지는 익숙한 코스. 감사하기도 하지만 죄송한 마음이 더 크다.

잠시 후 선생님으로부터 전화가 왔다.

"태양이 운동장에 있네요. 친구들이랑 딱지치기를 하고 있었어요. 제가 지금 데리고 나갈게요!"

담임 선생님 손을 잡고 유유히 걸어오는 아들이 보인다. 엄마 속은 다 타들어 가는데 이 녀석 얼굴에는 걱정 한 점이 없다. 내 얼굴을 보고 하는 말이 더 가관이다.

"더 놀고 싶었는데, 엄마 때문에 많이 못 놀았잖아. 엄마 때문에 딱지치기 못 했어. 한창 재미있었는데……."

말문이 막힌다. 얄밉다.

이게 50분을 하염없이 기다리면서 속이 숯검정이 된 엄마에게 할 수 있는 말인가?

이런 타이밍에는 미안하다고, 사과부터 해야 하는 거 아닌가?

걱정한 엄마의 속도 모르고 더 놀고 싶었다는 말을 태연하게 내뱉는 아이에게 배신감마저 들었다. 그때 무언가가 툭 하고 끊어졌다. 내 안의 발작 버튼이 눌렸다. 내 눈은 학교 오는 길에 매일같이 지나치던 지구대 간판을 향했다.

여기다! 나는 아들 손목을 붙잡고 발걸음을 돌렸다. '혼나야 정신을 차리지. 암, 그렇고 말고.'

"엄마, 어디가? 여기 주차장 아니잖아……."

"따라와."

지구대 문 앞까지 오니 아들은 울음을 터뜨리며 버텼다. 잘못한 건 아는 모양이다. 나는 우는 아이를 두고 안으로 들어갔다.

"안녕하세요. 약속을 맨날 어기는 애가 있어서 데리고 왔어요. 저기 문 앞에 있는 애가요, 매일같이 노느라고 엄마랑 하교 약속을 안 지켜요."

소장님은 잠시 나를 보더니 제복을 챙겨 입고 밖으로 향하셨다. 나는 그 순간 기대했다.

'그래, 엄마 말은 안 무서워하니까. 한 번쯤은 참교육이 필요해.'

그런데 분위기가 어째 내 예상과는 다르게 흘렀다. 소장님은 아이를 꾸짖지 않았다. 오히려 친절하게 문을 열어 주시며 손주를 맞이하듯 아들의 손을 잡아 주셨다.

내 눈의 광기를 본 걸까. 광기 어린 엄마가 애 잡는다고 여기는 걸까. 억울한 마음에 상황을 설명하려는 찰나에 나에게 이렇게 말씀하신다.

"엄마가 경찰서에 데려오는 아이들이 있기는 한데, 그 아이들은 도둑질을 했다거나 친구를 때렸다거나 욕을 많이 하는 경우예요. 근데 얘는 그게 아닌데요. 그냥 놀다가 엄마가 기다리는 걸 잊은 거예요. 근데 1학년이면 그럴 수 있지 싶어요. 한창 놀고 싶을 나이 아닙니까. 애가 놀고 싶어 하는 게 잘못은 아니니까."

순간 나는 얼음이 됐다. 광기로 흐려졌던 시야가 서서히 제자리로 돌아온다. 그리고 눈에 들어온 건 경찰 할아버지의 무릎 위에 앉아 있는 내 아들.

어느 틈에 거기로 가 앉아 있어?

너 오늘 처음 보는 분이거든?

누가 보면 손자인 줄 알겠네.

근데 이 모습 너무 보기가 좋다. 다정하고 훈훈하잖아……?

나이 지긋한 경찰 할아버지는 품에 안긴 내 아들에게 손가락을 내밀었다.

"앞으로 친구랑 놀고 싶어도 엄마랑 약속 지키기다, 약속이다!"

"네!"

8살 아이와 할아버지뻘 경찰관이 서로 손가락을 걸고 약속하는 그 장면에서 나는 그만 눈물이 터져 버렸다.

아이를 사랑하는 사람은 누구인가?

누가 아이를 제일 사랑하나?

아들을 위해 직업도 바꾸고, 사는 곳도 바꾸고, 못할 게 없는 사람은 분명 엄마인 나였다. 그런데 그 못할 게 없는 엄마가 약속을 안 지킨다는 이유로 아이를 경찰서로 끌고 왔다. 이렇게 아이를 이해하지 못할 수가 있나. 그런데 오늘 처음 만난 어른은 어떻게 엄마보다 먼저 아이 마음을 봐 줄 수가 있나.

그날 어떻게 인사하고 집으로 돌아왔는지조차 기억나지 않는다.

집에 와서야 나는 내가 한 짓이 얼마나 어처구니없는 일이었는지 비로소 깨달았다. 경찰서는 아이의 버릇을 고치러 데려가는 곳이 아니다. 개인 사정을 민원처럼 들고 갈 곳도 아니다. 학교에서 근무할 적에 민원으로 시달리며 힘들어했던 사람이 바로 나였다. 그런 내가 경찰서에서 똑같은 일을 하고 있었다.

그런데도 마을은 광기 어린 엄마에게 손을 내밀어 주었다. 담임 선생님은 넓은 학교를 뛰어다니며 아들을 찾아 주었고, 경찰 할아버지는 낯선 아이를 안아 주었으며, 아들은 그 품 안에서 자연스럽게 약속이라는 단어를 배웠다.

아이를 키우는 데 온 마을이 필요하다는 말은 진실이었다.

엄마가 부족해도, 엄마가 흔들려도, 엄마가 제정신이 아니었던 순간에도 좋은 어른들이 아이 곁을 지켜 주었다.

생각해 보면 아이들이 잘 자라는 건 부모가 완벽해서가 아니다. 아이 곁에서 아이를 있는 모습 그대로 이해해 주는 좋은 어른들이 함께 서 있기 때문이다.

이날 이후로 나는 자주 묻는다.

아이를 사랑하는 마음은 분명한데, 왜 이렇게 무너질까?

아이를 사랑한다는 건 무엇이며 어떻게 사랑해야 할까?

이 책은 이러한 질문과 고민에서 시작되었다.

아이를 사랑으로 키운다는 건 진부하리 만큼 당연하지만, 동시에 모호하고 어렵기도 하다. 우리 모두는 다 알고 있다. 아이에게 화를 내기보다 차분히 설명해야 한다는 것, 백 번이라도 참고 인내해야 한다는 것, 아이의 마음에 공감해 주고 존중해야 한다는 것을. 그런데도 우리는 무너진다. 자주 후회하고 스스로 미워하는 자리까지 가곤 한다.

나는 왜 이럴까, 왜 못 참을까, 나는 부모 자격이 없나 보다.

그런데 '안다.'라는 것과 '된다.'라는 것은 다르다. 부모도 사람이고, 부모도 처음이고, 부모의 마음도 매일 흔들린다. 나 역시 아이를 키우며 수없이 흔들렸고, 그때마다 자책의 자리에 오래 머물렀다. 아이를 끌고 경찰서로 갈 만큼 제정신이 아니었던 순간도 있었으니까. 그런데도 다시 돌아올 수 있었던 건 그날의 나를 이해해 준 분들이 있었기 때문이다.

아이를 사랑하지만, 사랑에서 멀어지는 순간은 아이를 키우는 누구에게나 찾아온다. 미숙함이 문제가 아니다. 진짜 문제는, 그 미숙함을 공유할 만한 안전한 세계가 없다는 데 있다. 아이들이 실수할 때 "괜찮아, 그럴 수 있어!"라고 말해 주는 부모 덕분에 다시 걸음을 내디디듯이 부모에게도 그런 사회적 지지, 마음의 안식을 줄 누군가가 필요하다.

이 책은 사랑하는 마음뿐인데, 사랑으로 아이를 키우는 게 너무 어려워 자기 비난에 머무는 양육자들과 동행자가 되고 싶은 마음으로 쓴 기록이다. 그날의 나에게 선생님과 경찰관님이 그랬던 것처럼. 곁에서 이해해 주는 존재가 있을 때 사람은 자기 자리를 찾아갈 수 있다고 믿는다.

사랑으로 아이를 키운다는 건 화내지 않고 큰소리 한 번 지르지 않는 완벽함에 있지 않다. 사랑에서 멀어진 순간 그걸 알아차리고, 다시 사랑의 자리로 돌아오며, 그럭저럭 사랑으로 키우는 모습에 있다. 이 책은 사랑함에도 흔들릴 때마다 다시 사랑에 붙잡히는, 그 연습을 함께하기 위해 쓴 책이다.

이제부터 펼쳐질 이야기는 아이를 키우며 수없이 흔들렸지만 끝내 사랑을 놓지 않으려 애써 온 한 엄마의 연습 기록이다. 부디 이 책을 읽는 독자분들이 나와 같은 연습을 거치며 흔들릴 때나 화가 날 때 사랑으로 돌아오는 힘과 용기를 얻으면 좋겠다. 육아서를 쓰는 사람도 이만큼의 시행착오와 연습을 거친다는 사실이 디딤돌이 되면 좋겠다. 이 책이 아이를 키우며 흔들리는 양육자에게 자책에 머물지 않고 다시 사랑의 자리로 돌아올 수 있게 붙잡아 주는 작은 밧줄이 된다면 이보다 기쁜 일은 내게 없을 것이다.

제주에서

윤지영

차례

Part 3   사랑을 삶으로 이어 가기

한 걸음. 나와 너를 너머 우리가 되는 연습

Part 1

사랑의 자리를
단단히 하기

밥 좀 잘 먹었으면, 숙제 좀 알아서 했으면, 약속 좀 잘 지켰으면.

일상 속에서 아이를 바꾸고 싶은 순간은 참 많다. 너무 당연한 부모의 마음이다. 아이가 옳은 길로 가기를 바라니까. 부모라면 아이가 규칙과 책임을 배우고, 남에게 피해 주지 않는 바람직한 성인으로 자라길 바란다.

옳음을 추구하는 마음 자체는 잘못이 아니다. 문제는, 그 옳음이 가정의 기본값이 될 때다. 아이는 성장 과정에서 규칙을 어기고, 역할을 잊고, 실수한다. 그때마다 옳은 길로 아이를 고치려고 하면 가정은 어느새 '사랑의 집'이 아니라 '교정의 현장'이 되고 만다. 부모는 늘 맞는 말을 하고 있는데, 아이와는 점점 멀어지는 거다.

그럼 어떻게 아이를 키워야 할까? 어떻게 사는 것이 가장 사랑하고 사는 길일까?

1부는 바로 그 '사랑의 자리'를 세우는 이야기다. 마음의 기본값인 디폴트(default)를 세우는 것.

우리 몸에는 기본값이 있다. 체온은 36.5도, 혈압은 120/80, 혈당은 100 이하. 열이 나도, 식사 후 혈당이 올라가도 몸은 스스로 균형을 찾아 평균으로 돌아간다. 몸에는 이렇게 스스로 회복하는 장치가 있다.

그런데 마음에는 그런 장치가 없다. 화가 난 상태로 오래 머물면 분노가 기본값이 되고, 불안한 상태로 지내면 불안이 기본값이 되어 버린다. 그래서 별일 아닌 일에 쉽게 흔들리고, 사소한 일에 감정이 폭발하기도 한다. 그래서 마음에도 돌아갈 기준점이 필요하다. 다만 이 지점은 저절로 생기지 않기에 의식적인 연습이 필요하다. 그 연습의 흔적을 습관이라고도 하고 태도라고도 한다.

육아도 마찬가지다. 예상치 못한 상황이 반복되는 일상 속에서 부모에게는 다시 돌아갈 수 있는 기준점이 필요하다. 흔들리지 않으려고 하기보다 흔들려도 돌아올 수 있는 자리를 만드는 것이다.

그렇다면 우리 가정의 육아 기준점, 즉 디폴트는 무엇일까?

옳음 디폴트

옳음이 가정의 중심이 될 때 평화는 조건부가 된다. 아이가 할 일을 잘하고 규칙을 지킬 때는 평온하지만, 조금이라도 어긋나면 관계는 금세 출렁인다. 아이는 실수하며 자라는 존재인데, 부모는 사사건건 화낼 일만 많아진다. 옳음이 가정의 디폴트가 되면 규칙을 지키고 역할을 잘 해내도록 가르치느라 정작 함께 잘 지내는 일은 뒷전이 된다.

바로 여기서 육아의 서글픈 모순이 생긴다. 규칙도 역할도 사실은 사랑하는 아이와 행복하게 잘 살기 위해 만든 것들인데, 정작 그 규칙을 사수하느라 아이와 사랑하며 사는 법을 놓치고 마는 것이다. 옳음이 가정의 디폴트가 되면 집은 어느덧 온기 있는 보금자리가 아닌 시시비비를 가리는 차가운 법정으로 변해 간다.

① 규칙 디폴트

"할 일을 제대로 끝내야 게임을 30분 할 수 있다고 했잖아. 왜 약속을 안 지켜?"

"밥 다 먹고 간식 먹을 수 있어."

"그만해, 9시야. 이제 자야 해. 일찍 자고 일찍 일어나야 키가 쑥쑥 커."

"인사해야지. 인사 다시 해."

② 역할 디폴트

"아빠는 돈 벌고, 엄마는 뒷바라지하고, 너희는 공부해야지."

"학생의 본분은 공부야. 열심히, 성실하게, 최선을 다해."

"너한테 밥을 하래, 청소를 하래, 돈을 벌래? 숙제만 하면 되는데, 그거 하나를 못 하면 어떻게 해?"

사랑 디폴트

우리의 감정은 하루에도 몇 번씩 롤러코스터를 탄다. 약속을 지키기는커녕 많아서 못하겠다고 떼를 부리는 아이를 보면 화가 나지만 또 자는 모습을 보면 안쓰러워진다. 화와 섭섭함, 불안은 휩싸였다가도 시간이 지나면 없어지지만 사랑은 없어지지도 변하지도 않는다. 우리는 아이에게 화를 내면서도 여전히 아이를 사랑하고, 속상할 때도 아이를 변함없이 사랑한다.

아이와 부모의 감정은 하루에도 몇 번씩 요동치지만, 다시 돌아올 기준이 '사랑'이라면 우리는 무너진 자리에서 다시 중심을 찾을 수 있다.

사랑이 디폴트인 가정에서는 아이가 말을 안 들을 때, 규칙을 지키지 않을 때 잠시 흔들릴 수는 있지만 다시 돌아온다. 아이가 약속을 어겨도, 공부를 안 해도, 숙제를 미뤄도 사랑이 중심에 있으면 그럭저럭 회복된다. 큰소리가 날 수는 있어도, 실망이 있을 수는 있어도 다시 돌아올 자리가 있기 때문이다.

나는 감정 기복이 심한 편이다. 화를 내지 않고 아이를 키우는 법을 잘 모른다. 그리고 부모라고 무조건 참기만 하는 게 꼭 좋은 것도 아니라는 게 내 생각이다. 화나고 서운한 날도 있지만 분노와 섭섭함에 오래 머물지 않는 것, 사랑으로 다시 돌아오는 것. 그게 내가 생각하는 건강한 가정의 모습이다.

규칙과 약속은 여전히 중요하다. 하지만 그 위에 사랑이 놓일 때 규칙은 처벌의 기준이 아니라 함께 지키는 약속이 된다. 사랑이 중심이 될 때 아이는 관계 속에서 규칙을 배울 수 있다. 약속을 지키지 않는 아이를 고치려고 경찰서로 데려갔을 때 그곳에서 만난 소장님처럼. 그분은 옳음보다 사랑의 자리에서 아이를 보았고, 아이는 그 자리에서 약속을 배웠다.

흔들려도
다시 돌아오는 연습

제정신이 아니었던 밤

: 감정에 휘둘리지 않는 연습

우리 집에서 아이패드 미니는 어느새 아들의 전용 게임기가 되었다. 이 작은 기계를 볼 때마다 떠오르는 날이 있다. 내가 미치고, 아들도 미쳤던, 둘 다 제정신이 아니었던 새벽.

지금도 생생하다. 새벽 1시 30분. 잠결에 화장실에 가려고 나왔는데 마루 한쪽에 작게 번쩍이는 무언가가 눈에 들어왔다. 스탠드 조명도 아니고, TV도 아닌데 그 앞에 아들 녀석이 웅크리고 있다. 나를 발견하자마자 눈동자가 흔들린다. 그러곤 재빠르게 아이패드를 밑으로 내린다.

"너 거기서 지금 뭐 해?"

"나, 시계 봤어."

새벽 1시 반에? 패드를 켜고 거기 있는 시계를 봤다고? 그걸 믿으라고? 그래도 한 번의 기회를 더 주고 싶었다.

"뭐? 다시 말해 봐. 뭐 했어?"

"시계, 시계 봤다고."

이때 내 머릿속에서 잠들어 있던 스위치가 툭 하고 켜졌다.

"시계를 왜 아이패드로 봐? 방에도 시계 있고, 마루에도 시계 있는데, 시계 보겠다고 패드를 켰다고? 너 정신이 있어, 없어? 오락만 하다 보니 정신이 오락가락하지? 내가 너 게임 안 시켜 줘? 내가 게임 못 하게 해? 시산 딱 정해 놓고 하게 해 주잖아. 근데 어떻게 이 새벽에 몰래 게임이야. 뭐? 시계를 봐? 어디서 거짓말이야? 내가 너 그렇게 가르쳤어?"

순간적으로 올라간 목소리. 도레미파솔라시도 어느 정도의 데시벨이었을까?

미치고 환장하겠다. 새벽 1시 반에 몰래 게임 하고 있는 너는 정상이 아니다. 게임 중독이다.

이게 속으로 삼킨 말인지, 밖으로 내뱉은 말인지는 잘 기억이 나지 않는다. 확실히 기억이 나는 건 식구들이 내 포효 소리에 자다 깨서 나왔다는 사실이다.

딸아이가 산발한 머리로 비몽사몽 눈을 비비며 말한다.

"엄마…… 무슨 일이야?"

남편도 비틀거리며 나온다.

"뭐야, 무슨 일인데?"

내가 하도 소리를 질러서 지네나 뱀이 나온 줄 알았다고.

나는 얼굴이 벌게져 또 도레미파솔라시도 너머 어딘가의 데시벨로 말했다.

"얘가! 새벽 1시 반에! 패드를 켜서 게임을 했는데! 그걸, 시계 봤다고 우기고 있다고!"

그 와중에 아들은 패드를 뒤로 숨기려 했다. 나는 그걸 보고 괘씸하다, 제정신이 아니다, 고래고래 소리를 지르고. 난리도 이런 난리는 없다.

다음 날 아침, 나는 좀 진정된 마음으로 아들에게 물었다.

"어제 왜 시계 봤다고 한 거야?"

"혼날까 봐. 게임 했다고 하면, 엄마가 더 화낼 거 같았어."

정말 그랬을까? 게임 했다고 솔직하게 인정했다면 난 더 화냈을까, 덜 화냈을까?

그날 광기의 근원은 아들 녀석의 거짓말만은 아니었다. 몰래 게임 하는 거, 그걸 새벽 1시 반에, 자야 마땅한 시간에, 절대로 깨어서 게임을 하고 있을 거라는 건 상상조차 하지 못할 그 순간에 벌어진, 여러 비상식과 몰상식의 교집합이 버무려져서 만들어진 것.

하지만 부모라면 아이가 상식 밖의 행동을 할 때도 차분하고 침착하고 교양 있게 타일러야 한다. 부모는 응당 그래야 한다. 그렇게 하라고 육아서에 나오고 나도 그렇게 썼다. 아이가 거짓말을 한 건 엄마를 고의적으로 속이려는 의도라기보다는, 엄마의 화를 피하려고 방어한 거다. 그래, 그거, 방어기제. 거짓말을 화내서 바로잡을 게 아니라 좋게 가르쳐 줘야 하는 거다. 나도 머리로는 다 안다.

"아들, 엄마는 네가 게임을 못 하게 하는 게 아니야. 네가 게임을 조절하는 사람이 되기를 바라는 거야. 미디어를 조절한다는 게 어른인 엄마에게도 어려워. 그걸 너무 잘 알기 때문에 어려서부터 연습을 도와주는 거야. 그래서 매일 일과 끝나면 시간을 정해 놓고, 그 범위 안에서 게임 하고 끄는 걸 연습하는 거야. 네가 게임이 더 하고 싶다면 얘기를 해서 엄마와 조율을 해야지, 몰래 하는 건 너한테 도움이 안 돼."

정말 모범답안을 말했다. 책에도 이런 식으로 쓰지 않았던가. 이토록 이론은 잘 알면서 이론대로 되지 않는 건 그때 내가 제정신이 아니었기 때문이다.

그 새벽 나는 아이에게 정신이 나갔다고 했지만, 사실 나도 정신줄을 놓고 있었다. 정신이 온전했다면 그렇게 소리소리 지르지는 않았겠지. 자는 걸 뻔히 아는데 온 식구를 깨우지는 않았겠지.

새벽 1시 반에 아이가 게임 하는 걸 보고도 만약 정신이 온전했다면, 그때 난 뭐라고 했을까?

"게임은 조절하는 연습이 필요해. 몰래 하는 건 너에게 도움이 안 된단다."

하지만 이런 말은 새벽 1시 반엔 '절대' 불가능했을 것 같다. 거기에 시계를 봤다는 노골적 거짓말을 듣고는 더더욱. 성장호르몬이 한창 필요한 시간에 안 자고 몰래 게임 하는 걸 본 그 순간이라면 말이다. 다만 그때의 내가 그저 돌지만 않았더라면 이 정도는 덧붙여 말하지 않았을까 싶다.

"아들, 혼날까 봐 무서워? 그래서 시계 봤다고 하는 거야? 네가 무서워서 거짓말하는 건 알겠어. 그렇게 게임이 하고 싶었어? 그래서 새벽에 깬 거야? 몇 시에 깬 거야? 저절로 눈이 떠졌어? 자기는 한 거야? 아니면 자는 척하다 엄마, 아빠 자는 거 확인하고 몰래 나와 게임 한 거야? 전에도 이런 적 있어? 아님, 이번이 처음이야? 몰래 게임 하면서 어떤 기분이었어? 불편한 마음이 있었어, 아니면 그냥 재밌기만 했어? 너 이러는 거 보면 어때? 스스로 중독이라는 생각은 안 들어?”

뭐 이런 말이 다 있나. 물음표를 달고 있지만 질문이 결코 아니다.

그럼 대체 뭐라고 해야 하는 건가. 이 상황에서 내가 할 수 있을 법한 바람직한 말이 도무지 떠오르지 않는다.

애가 새벽 1시 반에 몰래 게임 하는 걸 봤을 때, 거기에 시계를 봤다는 거짓말까지 할 때 완벽하게 차분할 수 있는 엄마가 몇 명이나 될까?

그래, 누구라도 제정신일 수가 없는 걸로 하자. 그렇게 생각하자. 누구나 그럴 수 있는 거라고 해 두자. 그게 내가 사는 길이다.

내가 아이를 키우며 돌아 버린 순간은 이번이 처음은 아니다. 시간대와 장소는 제각각 달랐는데, 많은 상황에서 게임이 분노의 트리거가 됐다.

게임, 정말이지 지긋지긋하다. 게임 전쟁, 언제 끝날까. 과연 끝이 있기는 할까?

어디 나만의 일일까. 아이를 키우다 보면 예상치 못했던 상황이 누구에게나 찾아온다. 부모의 이성이 먼저 무너지는 날들. 숨들이마시는 것보다 고함이 먼저 튀어나오는 순간들이 생겨난다. 이때 아이에게 영향을 받아 엄마가 같이 화를 내면, 아이와 부모가 싸우게 되고 집은 곧 전쟁터가 되고 만다.

변수와 상수

우리의 삶에는 변하는 것과 변하지 않는 것이 있다. 날씨, 인간관계, 감정은 늘 변화한다. 예측할 수 없다. 변수는 대비가 필요하기에 우리에게 불안과 스트레스를 준다.

반면에 규칙과 약속, 그리고 부모와 자식이라는 혈연관계처럼 변하지 않는 것들이 있다. 왔다 갔다 하지 않고 늘 거기에 그대로 있다. 우리가 안정감을 느끼는 건 변하는 것이 아니라 변하지 않는 것에 있다.

육아가 힘든 건 변수가 많기 때문이다. 아이들의 마음은 수시로 바뀐다. 기분이 좋았다가 금세 울고, 의욕이 생겼다가 금방 흩어진다. 수학 문제집을 한 장 풀고 놀기로 약속했는데 그것마저 지키지 않는다. 일과를 끝내야 게임을 30분 할 수 있는 걸 잘 알면서도 '몰폰'을 한다. 규칙과 약속은 상수임에도 상수인 규칙을 지키지 않는 거다. 그러니 아이는 예측 불가의 변수일 수밖에.

변수	상수
날씨, 인간관계	법, 규칙
대부분의 감정(분노, 걱정, 기쁨 등)	아이를 향한 사랑
예측 불가	예측 가능
불안과 스트레스 요인	안정감을 줌

그렇다면 부모인 우리는 어떤가? 아이에게 예측 가능한 존재인가?

우리는 아이에게 왔다 갔다 하는 변수 같은 부모인가?

한결같이 사랑의 자리를 지키는 상수 같은 부모인가?

✦ 하루 문제집 한 장이 많다고 우는 초 1

: 왔다 갔다 하는 부모 :

- "하루 한 장이 많아? 다른 애들에 비하면 넌 적게 하는 거야."
- "저기 아프리카에는 힘든 애들도 많아. 넌 얼마나 행복한 건데."
- "엄마 위해서 공부해? 하기 싫으면 하지 마. 다 때려 치워!"
- "마음먹고 하면 금방 하면서 그래. 이거 끝내고 놀이터 나가자. 응?"

: 한결같은 부모 :

- "많아? 힘들겠구나. 그래도 오늘 해야 할 건 해야지."
- "힘들 때도 있지. 얼른 이거 끝내고 놀이터 나가서 실컷 놀자."

◆ 공부방을 만들어 주고, 책장에 전집을 꽉 채워 줬는데 책은
안 읽고 놀기만 하는 초5

: 왔다 갔다 하는 부모 :

- "내 책은 빌려서 보는데 너 책은 내가 다 사 주잖아. 나는
  부엌 식탁에 앉아 책 읽는데 너는 이렇게 좋은 책상 사 주
  고, 공부방 만들어 줬잖아."
- "왜 공부를 안 하고, 왜 책 한 자 읽지를 않아?"

: 한결같은 부모 :

'아이가 공부를 열심히 하고 책도 많이 읽기를 바라지만, 그
보다 내가 해 주고 싶어서 해 준 거니까 몰아세우지 말자. 다
때가 있는 거지. 때가 되면 책에도 관심이 생기겠지.'라고 믿
고 기다린다.

부모가 변수에 휘둘리지 않고, 흔들리지 않고 늘 그 자리에 상
수처럼 있어 줄 때 아이는 차츰 자기 자리를 찾아간다. 아이와 부
모가 같이 휘둘릴 때는 제자리를 잃어버리지만, 아이가 왔다 갔

다 해도 부모가 제자리에서 한결같이 버티면 곧 그곳이 제자리가 된다. 아이는 부모가 한결같이 버티는 그 자리로 돌아오는 것이다.

잘해 주는 부모 vs. 한결같은 부모

'상수 같은 부모'가 되자는 말은 '잘해 주는 부모'가 되자는 뜻은 아니다. 잘해 주는 부모와 한결같은 부모는 다르다. 아이를 위해 공부방을 만들어 주고, 책을 사 주고, 좋은 것을 먼저 주는 것은 잘해 주려는 노력이다. 하지만 아이의 반응에 따라 감정이 요동친다면 어떨까? 어제는 잘해 주다가 오늘은 실망하고 화내는 부모 곁에서 아이는 불안하다. 차라리 공부방을 만들어 주지 않아도 감정이 안정된 부모가 더 나을 수 있다. 아이에게 유기농 식재료로 음식을 해 주었다가 안 먹는다고 화를 내는 것보다 그냥 평범한 식탁이라도 따뜻한 분위기 속에서 먹게 해 주는 게 더 나을 수도 있다.

우리는 아이에게 좋은 걸 먹이고, 좋은 걸 입히고, 좋은 경험을 마련해 주려고 애를 쓰고 산다. 아이를 늘 좋은 환경에서 키우려고 한다. 이미 우리는 아이에게 잘해 주려는 노력을 충분히 해 왔다.

이제는 변하지 않고 제자리를 지키는 노력, 즉 한결같아지려는 노력이 필요하다. 잘해 주는 건 특별히 없어도 한결같은 부모 곁에서 아이는 비로소 세상이 안전하다고 느낄 수 있다.

아이의 감정은 하루에도 열두 번 바뀌고, 부모의 마음도 그만큼 흔들린다. 그렇기에 부모인 우리가 완벽한 상수가 될 수는 없다.

그러나 한결같은 부모가 되려는 연습, 흔들려도 다시 돌아오는 연습은 분명히 가능하다. 어제는 하루가 지나야 사랑의 자리로 돌아왔던 내가, 오늘은 반나절, 다음에는 몇 시간, 그러다 언젠가는 그 자리에서 그렇게 멀어지지 않게 되는 날이 올지도 모른다.

지금도 새벽 1시 반에 몰래 게임 하는 아들을 본다면 안 흔들릴 자신은 없다. 하지만 흔들려도 다시 돌아오는 것, 전보다는 빨리 돌아오는 것, 이건 해 볼 만한 일 같다.

부모도 사람인 이상 흔들릴 때가 있다. 아이가 숱하게 넘어져야 일어서는 법을 배우는 것처럼 부모도 숱하게 흔들리면서 조금씩 사랑의 자리로 돌아오는 법을 배운다. 그게 우리가 해 볼 수 있는 현실적인 연습은 아닐까?

공부고 뭐고 다 때려치워

: 놀고만 싶어하는 아이와 균형을 찾는 연습

책장에 책이 넘쳐 나는데, 책장을 더 놓을 공간은 없다. 집을 늘릴 수 없으니 책을 비워 내는 수밖에. 다른 건 잘도 버리면서 책 욕심은 많아서 들어냈다 다시 넣어 놨다를 반복했다. 가만 보니 내 책장이 아니라 애들 책장을 비우는 게 맞겠다 싶다. 꽂혀 있지만 더 이상 읽지 않는 책들, 오래된 문제집들은 시기가 지났고 자리만 차지하니 이제 비워 내도 된다. 그렇게 한 권, 두 권 버리려고 박스에 담고 있는데 문제집 위쪽이 살짝씩 찢긴 게 눈에 들어온다.

이거 내가 그런 건가?

좀 더 세세히 살펴본다. 딸의 문제집들은 멀쩡한데 아들의 문제집만 난리다. 최근 문제집은 그나마 괜찮은데 3학년, 2학년, 1학년 문제집으로 갈수록 앞표지 찢김과 책등 갈라짐이 도드라진다.

자세히 보니 이것은 내가 만든 흔적임이 확실하다. 범인은 나다.

사정을 말하자면 이렇다. 아들 녀석이 초등학교에 입학하고 나서 하루 한 장 연산, 글씨 연습이라는 걸 시작했다. 공부를 잘하게끔 만들기 위한 목적이 아니라 이 녀석이 알림장을 매번 꼴찌로 쓰니까, 또 하도 놀기만 하니까. 실컷 놀고 집에 들어오면 또 게임만 하려고 해서였다.

딸애도 비슷한 시기에 비슷한 분량을 했는데, 내 기억으로 딸아이는 이거로 울거나 한 일은 거의 없지 싶다. 울 때는 아이가 컨디션이 안 좋거나, 그럴 만한 이유가 있어서 힘들다고 한 거라 나도 수긍이 됐다. 그때는 내가 워킹맘이라 붙잡고 봐 주지도 못할 때였는데도 딸아이는 그럭저럭 하루 한 장을 해냈다. 그런데 아들 녀석은 내가 아예 집에 있으면서 옆에 딱 앉아 붙잡고 봐 주는데도 하려고 하질 않았다. 책상에 앉기 전부터 울기 시작해서, 앉는 데만 30분이 걸린다. 우는 이유는 이거다.

"이거 때문에 나는 놀지도 못해."

무슨 말도 안 되는 소리인가. 헛소리도 이런 헛소리가 없다. 하루 한 장 연산이건 글씨 쓰기건 하는데 10분도 안 걸린다. 보수적으로 잡아서 10분이지 마음 잡고 시동 걸면 5분 컷이다. 5분이면 끝날 걸 50분을 붙잡고 있는 게 이 녀석 주특기다. 5분 만에 끝낼 분량을 질질 끌다가 50분이 걸려 너무 많다는 논리니 도무지 설득이 안 된다. 그조차 끝내 놓기만 하면 종일 실컷 노는 게 제주 소년의 일과인데.

상식적으로 5분 만에 해치우고 기분 좋게 나가 노는 게 여러모로 좋은데, 이 녀석은 책상에 앉기도 전에 울고, 연필을 잡으면 또다시 울어 젖히는 게 일상이었다.

어떤 날은 꾹 참고 교양 있게 해 본다.

"얼른 할 거 끝내고 나가서 놀자아. 우리 아들 잘할 수 있어!"

이렇게 달래지만 참는 것도 하루이틀이지, 어떤 날에는 화가 치밀어 오른다. 또 억울하다. 못 놀게 하고 온종일 공부만 시키는 엄마가 된 거 같아서. 마음껏 뛰어놀게 해 주고 싶어서 직장도 휴직하고 제주살이 온 엄마인 나를, 공부시키느라 애 잡는 엄마로 만드는 것 같아 열이 뻗친다. 그런 날이면 나는 결국 퍼붓고 만다.

"엄마 위해 공부해? 싫으면 하지 마. 연산도 하지 말고 글씨 연습도 하지 마. 그냥 알림장 꼴찌 해. 다 때려치워!"

그리고 손에 들린 문제집은 항상 같은 결말을 맞았다.

바닥에 패대기.

거기서 끝나는 게 아니라 그러고 조금 이따가 패대기친 문제집을 다시 주워 아이에게 다정하게 건넸다.

"우리 태양이, 마음먹고 하면 금방 하면서 그래. 이거 끝내고 나가 노는 거야. 얼른 하자아!"

이건 아무리 봐도 '지킬 앤 하이드'가 따로 없지 싶다.

육아가 힘든 이유는 몸이 아니라 마음이 지치기 때문이다. 밥, 청소, 빨래는 힘들어도 끝이 있다. 하지만 아이와 벌이는 의미 없고 불필요한 감정싸움에는 끝이 없다. 이때 부모의 대응은 대개 세 가지로 흘러간다.

첫째, 논리

"많긴 뭐가 많아? 다른 애들은 더 많이 해."

"30분만 하기로 했잖아. 왜 약속을 안 지켜?"

"엄마는 약속 안 지키는 사람 제일 싫어해."

둘째, 협박
"빨리해. 셋 센다! 하나, 둘……."
"이러면 핸드폰 압수야."
"앞으로 게임 못 하게 할 거야."

셋째, 샤우팅
"야!"
"다 때려치워!"

하지만 논리로도, 협박으로도, 고함으로도 감정싸움은 끝나지 않는다. 아이의 무논리 협상은 계속되고, 부모의 분노는 쌓인다. 그러다 결국 둘 다 지치고 만다.

규칙과 약속은 분명 지켜야 할 상수다. 문제는 아이가 그 상수를 지키지 않는다는 점이다. 아이가 약속대로 자기 공부 분량을 다하고 정한 규칙대로 게임을 한다면 싸울 일도, 화낼 일도 없을 것이다. 그런데 아이가 약속을 안 지킨다. 약속한 공부 분량이 많다고 하고, 몰래 게임을 하려고 한다.

공부 습관과 미디어 사용 규칙이 내면화되기까지는 시간이 걸린다. 그래서 그 시간 동안 부모와 아이는 수없이 흔들린다.

이때 부모가 규칙에만 중심을 두면 아이를 논리로 설득하고, 협박으로 밀어붙이다 결국 고함을 치게 된다. 아이러니하게도 규칙이라는 상수를 더 세게 붙잡을수록 아이와의 관계는 더 크게 흔들리고 만다.

아이들은 놀고 싶어 한다. 놀아도 놀아도 더 놀고 싶다고 하고 많이 못 놀았다고 한다. 아이들은 놀이 관성을 타고났다. 아이가 공부를 규칙적으로 해내려면 타고난 관성을 거슬러야 하기에 저항이 생긴다. 아이에 따라 공부 저항도 제각각이다. 나의 경우 딸아이는 저항이 비교적 덜했고, 아들은 극심했다. 1학년 때 저항이 가장 심했기에 1학년 문제집이 유독 앞장이 찢기고 책등이 찍혀 눌려 있던 거다.

5학년인 지금은 수학을 하루에 세 장씩 풀고, 영어 콘텐츠 학습에, 영어 따라 쓰기에, 매일 책 읽기도 한다. 적게 잡아도 한 시간은 걸린다. 전에 비하면 많은 분량임에도 이제는 책상에 스스로 앉고 더 이상 이거 때문에 못 논다는 망언은 하지 않는다. 어느 정도 공부 습관이 자리 잡은 것이다.

규칙 위의 상수, 사랑

공부 습관은 내가 억지로 끌고 와서 자리 잡은 것도 아니고, 아이가 갑자기 철들어서 된 것만도 아니다. 규칙을 상수로 두게 되면 하루이틀은 억지로 시킬 수 있다. 하지만 윽박지르는 걸로 매일, 계속 시킬 수는 없다. 규칙만으로는 변화와 습관을 만들 수 없는 것 같다.

아이의 습관은 규칙만으로 형성되지 않는다. 규칙보다 더 상위의 상수가 필요하다. 그래야 아이가 규칙을 어기고, 약속에서 벗어나고, 떼를 쓸 때도 부모가 중심을 잃지 않을 수 있다.

규칙도 중요하지만, 그 규칙이 흔들릴 때 부모를 붙잡아 줄 상위의 상수가 사랑 아닐까? 사랑은 아이가 규칙을 지킬 때만 생기는 게 아니니까. 우리는 늘 아이를 사랑한다. 아이가 약속을 어겨도, 실수해도, 부모가 흔들려도 다시 돌아올 수 있는 기준점이 될 수 있다. 사랑이라는 상수에 붙잡히면 이런 말이 가능해진다.

"공부가 힘들어? 엄마는 네가 힘들게 공부하길 바라지 않아. 하지만 이 시기를 잘 넘기면 나중엔 훨씬 쉬워질 거야."

"엄마는 네가 게임을 못 하게 하는 게 아니야. 게임만 하는 사람이 되지 않기를, 게임을 조절하는 사람이 되길 바라는 거야. 네가 할 일을 끝내고 게임 하는 게 자리가 잡혀야 할 일도 잘 해내고 게임도 즐기는 사람으로 살 수 있어."

아이를 공부시키는 매일의 지난한 과정에서 나도 숱하게 흔들렸다. 결코 많지 않은 양임에도 아들은 많다고 하고 하기 싫어하며 울기도 했으니까. 만약 규칙만을 내세웠다면 나는 규칙을 지키지 않는 아들에게 매일같이 실망하며 전쟁을 치러야 했을 것이다. 물론 그런 날도 있었지만, 아이를 위한 마음을 붙잡으려고 했다. 규칙을 만든 것도 아이를 위함이고, 아이에게 좋은 습관을 만들어 주고 싶은 마음도 결국 사랑에서 비롯된 거니까. 아이를 향한 사랑에 붙잡혀 있으면 실망스러운 마음을 이기고 다시 다독이고 기다릴 수 있다.

그 시간이 쌓이면서 서서히 루틴이 만들어졌다. 조금씩 놀이 관성에서 벗어나 할 일을 끝내고 노는 습관이 생긴 거다. 함께 흔들리고 함께 돌아온 시간이 만든 결과인 셈이다.

아들은 이렇게 되기까지 4년이 걸렸다. 어떤 아이는 더 빠를 수도 있고, 어떤 아이는 더 걸릴 수도 있다. 아이에 따라 시간차와 저항의 정도는 제각각일 테다. 하지만 분명한 건 아이가 울고 불고 난리를 쳐도, 부모가 한결같이 사랑의 자리를 지키면 아이도 조금씩 그 자리로 온다는 사실이다.

　놀이 관성을 가진 아이에게 공부 습관을 심어 주는 건 협박과 샤우팅이 아니다. 규칙을 어기는 아이에게 휘둘리지 않고 변하지 않는 자리를 지켜 주는 것, 사랑을 붙잡고 가야 할 방향을 제시하는 것. 그 시간이 습관이 자라는 토양이 되어 준다.

선생님, 한 가정을 구하셨어요

: 친구와의 다툼에 침착해지는 연습

아들 녀석이 현관문을 열고 들어온다. 그런데 금방이라도 울 것 같은 얼굴이다. 불과 한 시간 전만 해도 "엄마! 나 친구들이랑 놀다 갈게!"라고 신난 목소리로 전화를 걸어왔던 아이였다. 수요일이면 늘 삼총사 친구들과 노는 날. 어떤 날은 4시, 어떤 날은 5시까지도 신나게 놀다 들어왔다. 그런데 오늘은 1시간 만에 축 처진 얼굴로 돌아온 것이다.

"무슨 일 있어? 울었어?"

아들은 고개를 끄덕였다.

삼총사 친구들과 놀고 있는데, 다른 아이들이 다가와 '잼민이들' 놀이라고 비웃었다고. 그러다 그중 한 친구가 공을 발로 차 자신의 얼굴에 맞혔다고 울먹이며 말했다. "그 친구가 네가 있는 걸 모르고 공을 찬 것 아니겠냐?" 물었더니, 아들은 아니라고 했다. 공에 맞는 걸 보고 사과도 없었다고.

들어보니 공을 찬 아이는 다른 반이고 친하지는 않은데, 멀리서 나도 본 적이 있는 아이였다. 키도 크고 덩치도 좋은 아이. 반면 우리 아들은 남자 애들 중 가장 작다. 아들의 얼굴에 일부러 공을 발로 차서 맞혔다고 생각하니 내 심장도 같이 내려앉았다.

급히 담임 선생님께 하이톡으로 내가 들은 상황을 정리해서 보내 드렸다. 곧장 전화가 왔다.

"어머니, 많이 속상하셨겠어요. 제가 내일 아이들 다 불러서 이야기 들어 보고 다시 연락드릴게요."

무척 고마운 선생님. 그간 크고 작은 일로 상의를 드릴 때마다 매번 진심으로 고민을 나눠 주신다. 그날 나는 밤새 뒤척이다 새벽이 가까워서야 겨우 잠들었다. 아침에 아들을 등교시키는데 가슴 한편이 꽉 막힌 듯했다. 휴대전화를 손에 쥐고 시계만 들여다봤다.

9시.

10시.

11시.

12시.

다른 일은 아무것도 손에 잡히지 않았다. 12시경 결국 조심스

레 다시 하이톡을 드렸다.

"선생님, 아이들이 뭐라고 하는지 알려 주실 수 있나요? 계속 마음이 쓰여서요."

톡을 보내고 나니 수업 중에 방해가 되진 않을까 또 다른 걱정이 밀려온다. 걱정은 끝이 없다.

1시경 선생님으로부터의 전화가 왔다. 1초 만에 받았다.

"어머니! 많이 기다리셨죠? 옆 반이 오늘 생존 수영이라 아이들을 바로 만날 수가 없었어요. 좀 전에 애들 다 모아서 얘기를 들었어요!"

그리고 선생님은 정리된 상황에 대해 차근차근 설명해 주셨다.

그 친구가 '잼민이들' 놀이한다고 비아냥댄 건 맞지만, 그 이후로 공놀이를 할 거니 다른 데 가서 놀라고, 비켜 달라 했다는 것이다. 다른 두 친구는 비켰는데 우리 아들이 안 비키고 "응, 어쩔?"이라고 하자, 약이 오른 아이가 공을 찬 것이라고. 의도적으로 얼굴을 맞히려고 했던 건 아니었는데, 그게 딱 얼굴에 맞아 그 친구도 당황했단다. 그런데 안 비키는 게 얄밉기도 했고, 당황한 마음에 곧장 사과를 못 했다고. 그러고서 우리 아들이 울고 집에 간 걸로 상황이 종료된 것이다.

오늘 공을 찬 친구가 아들에게 사과했고, 우리 아들도 안 비킨

거에 대해 사과하고 잘 마무리됐다고. 서로 소통이 안 됐었는데 같이 이야기 나눈 뒤에 둘이 어깨동무하고 나가는 거 보면 잘 화해된 것 같다는 이야기를 해 주셨다.

선생님의 설명을 듣자, 속에 얹혔던 게 내려가고 그제야 숨이 편하게 쉬어졌다.

"선생님, 그런 사정이 있었군요. 너무 이해가 가고, 이제야 마음이 놓여요. 진짜 감사합니다. 선생님! 한 가정을 살리셨어요."

"어머니, 그렇게 말씀해 주시니 제가 감사해요. 이런 일이 또 없으면 좋겠지만, 만약 또 태양이에게 속상한 일이 생기면 이번처럼 꼭 이야기해 주세요!"

우리 선생님, 정말 구세주가 따로 없다. 진심이다. 정말 그랬다.

어젯밤 나는 걱정의 대하소설을 썼다. 5학년 남자아이들의 다툼이 중학교 학교 폭력으로 이어지면 어쩌나. 이렇게 약해 빠져서 군대는 어떻게 보내야 하나로 이어지는 상상의 나래를 펼치며 내내 뒤척였다.

창호지 멘털을 가진 엄마가 아이를 키우다 보니 이렇게 사소한 일도 한밤을 통째로 흔들어 버린다. 그래서 선생님 같은 분이 얼마나 큰 의지가 되는지 모른다.

그날 오후, 아들이 평소보다 늦게 집에 왔다. 놀다 오면 꼭 전화를 하는데, 전화도 없이 1시간쯤 늦게 온 것이다.

"왜 이렇게 늦었어? 전화도 안 받고. 놀다 왔어?"

"아니. 곧장 왔어. 오늘 7교시 했어."

"왜? 왜 갑자기 7교시를 해?"

"공개수업. 수업하는데 누가 많이 왔어."

순간 머릿속이 하얘졌다. 가방을 열어 보니 구겨진 안내장이 나온다.

「공개수업으로 인한 수업 조정 안내장.」

맙소사! 공개수업을 몇 시간 앞두고 숨 돌릴 틈도 없이 바쁘셨을 선생님을 수업 중에 톡으로 볶아 댄 나란 엄마를 어쩌면 좋단 말이냐. 선생님의 연락을 기다렸어야 했는데 왜 또 12시에 하이톡을 보냈을까. 손가락을 자르고 싶다.

게다가 애가 하는 말은 반만 믿으라고 강의에서 그렇게 떠들고 다니면서, 정작 내 아이 말은 다 믿고 말았다. 뭐 이렇게 이론과 실제가 다르고, 말과 행동이 다르고, 강의에서랑 현실에서가 달라.

아이 문제가 해결되면 두 다리 뻗고 잘 수 있을 줄 알았다. 그런데 이불킥 각이다. 오늘도 잘자기는 글렀다.

나는 불안에 취약한 사람이다. 남들은 불안해하지 않을 일에도 쉽게 불안해진다. 그래도 내 삶의 불안은 그나마 그럭저럭 조절하며 살아왔다고 생각한다. 그런데 아이의 일 앞에서 나는 순식간에 무너진다. 아이와 관련된 일에는 유리멘털이 되고 만다.

불안이 나를 삼키려 할 때마다 나를 사실의 자리로, 사랑의 자리로 되돌려 놓아 줄 좋은 어른 한 사람의 존재가 얼마나 귀한지 깨닫는다. 세심하게 관심을 가지고 상황을 정리해 주는 목소리, 괜찮다고 말해 주는 다정한 선생님 덕분에 나는 오늘도 간신히 숨을 쉬었다.

내일도 나는 아마 흔들릴 거다. 또 쓸데없는 상상을 하며 불안해할지도 모르고. 하지만 오늘 배운 이 숨 고르기를 기억하며 불안이 나를 데려가기 전에 다시 사랑의 자리로 돌아오는 연습을 해야겠다. 앞으로도 아이의 일 앞에 불안해질 때 그 감정에 곧장 끌려가지 않고 잠시 숨을 고를 수 있다면 좋겠다. 부모는 해결사가 아니라 아이가 다시 돌아올 수 있는 자리로 남아 있는 것으로 충분하니까.

"천 번을 흔들리며
엄마가 된다."

부모가 자식의 성적에
집착하는 이유

: 등수에 흔들리지 않는 연습

고입을 앞둔 딸은 이제 사춘기를 어느 정도 지나온 것 같다. 한때 화장과 꾸미기에 온 마음을 쏟던 시절이 자연스레 지나갔고, 요즘은 예전처럼 외모에 많은 시간을 쓰지 않는다. 오히려 조금씩 공부에 마음을 두는 모습도 보인다. 모든 것에는 때가 있다는 말을 이제야 조금 알 것 같다.

돌이켜 보면 딸의 사춘기 정점은 중학교 2학년 때였다. 중 1부터 스멀스멀 시작된 꾸미기 열풍은 중 2가 되자 최고조를 찍었다. 새벽 6시면 일어나 씻고, 화장하고, 헤어롤을 말며 등교 준비에만 두 시간을 썼다. 그러고도 시간 없다며 밥 한 숟가락 안 먹고 나가는 날들이 이어졌다. 공부 시간을 늘려도 시원치 않을 판에 화장 시간만 늘리고 앉았으니, 도대체 무슨 생각인 건지 알 수가 없었다.

"지금 이럴 시간이 어딨어? 아침처럼 머리가 맑은 시간에는 공부를 해야지! 너 이러면 서울에 있는 대학은 꿈도 못 꿔!"

어떤 날은 속으로만 삼키고 또 삼켰지만 어떤 날은 참지 못하고 내뱉기도 했다. 하지만 효과는 전혀 없었다. 딸은 똑같았다. 틈만 나면 뷰티 유튜버 영상을 보며 새로운 화장법을 익혔고, 나는 그 모습을 보며 불안해지고, 화도 났고, 속도 터졌다.

그러던 어느 날 이런 생각이 들었다.

나는 왜 이렇게까지 딸의 공부에 집착하나?
왜 아이 인생을 정작 본인보다 내가 더 걱정하고 있나?

그 질문을 따라가다 보니 전혀 예상하지 못했던 마음 하나와 마주하게 되었다.

나는 딸의 앞날만 걱정한 것이 아니었다. 나는 내 앞날도 걱정하고 있었다.

딸이 공부를 잘해 좋은 대학에 간다면 그건 물론 딸에게 좋은 일이지만, 솔직히 말하면 나에게도 좋은 일도 됐다. 자녀교육 분야의 작가인 나에게 '딸을 명문대에 보낸 엄마'라는 수식어는 꽤 매력적인 결과물이 될 수 있었다. 책 띠지에도 넣을 수 있는 멋진

문장 아닌가. 더군다나 나는 지금 교사도 아니고, 이 분야의 박사도 아니다. 독자에게 내 전문성을 증명해 줄 외적인 타이틀이 하나도 없다. 그러다 보니 더욱 딸이 만들어 내는 성적과 결과에 마음이 흔들리는 것이다. 나는 아이를 위한 마음으로 말한다고 믿었지만, 그 안에는 나를 위한 욕망도 숨어 있었다.

여기까지 생각이 미치자 반대편이 궁금해졌다. 만약 딸이 공부를 잘하지 못한다면? 좋은 대학은커녕 웬만한 대학에도 못 간다면? 그렇다면 나는 자녀교육 작가로 설 수 없나? 독자들은 나를 믿지 못하나?

그때 떠오른 얼굴들이 있었다. 특별할 것 없는 내 블로그 글을 믿어 주고 책으로 내길 응원해 주었던 이웃분들, 잘 찍은 사진 한 장 없었던 내 인스타를 팔로우해 주신 인친님들, 내 책을 사랑해 준 독자분들. 그분들은 내가 어떤 타이틀을 가졌는지가 아니라 내가 어떤 마음으로 글을 쓰는지 나의 진심을 봐주셨다.

그런데 왜 나는 딸에게 증명을 요구했을까? 나는 내 딸에게만 보이는 결과를 요구하고 있었던 것이다.

부모가 흔들리는 이유는 보이는 세계에 마음을 빼앗기기 때문이다. 육아의 보이는 결과물은 성적, 등수, 대학 이름이다. 누구든 확인할 수 있는 지표들인 셈이다.

하지만 육아의 진짜 결과물은 보이지 않는 곳에 있다. 아이 안에 사랑이 얼마나 자라 있는지, 어려움 속에서 다시 일어설 힘이 있는지, 스스로 존중하는 마음이 뿌리내렸는지, 관계 속에서 따뜻함을 남기는 사람인지, 자신의 삶을 선택하고 책임지는 힘이 있는지. 이러한 것들은 어떤 성적표에서도 확인할 수 없다.

그날 이후로 나는 '어떻게 하면 딸을 공부하게 만들까?'에서 '어떻게 하면 어떤 상황에서도 흔들리지 않을 수 있을까?'로 관심의 방향을 바꾸었다. 딸이 공부를 하건 안 하건, 시험을 잘 보건 못 보건 그것에 따라 감정과 태도가 요동치지 않도록 매일 스스로 붙들었다. 물론 처음부터 쉽지는 않았다. 그러나 숫자에 휘둘리지 않는 연습, 변수에 끌려다니지 않는 연습, 결과에 출렁이지 않는 연습은 모두 상수 같은 부모가 되는 연습 과정이었다.

물론 아이에게 다 맡기고 그냥 내버려 두라는 뜻은 아니다. 부모는 아이가 스스로 갈 수 없는 영역에 빛을 비춰 주는 안내자여야 한다. 길을 대신 걸어 주는 사람이 아니라 길을 보여 주는 사람이 되어야 한다.

"기쁨아, 네가 화장에 관심이 많고 좋아하니까 엄마가 화장품을 사 주기는 해. 근데 지금 이 시기는 너에게 무척 중요한 때야. 지금 공부에 집중해서 열심히 하는 걸로 앞으로 주어지는 보상이 너무 커. 꾸미는 것도 좋지만, 네가 지금 이 시기에 꼭 해야 할 우선순위를 정해야 해."

꾸며도 좋고, 잠시 돌아가는 길을 가도 좋지만, 어디를 향해 가야 하는지 방향을 알려 주는 역할은 여전히 부모의 몫인 셈이다.

사춘기의 변수들은 시간이 흐르며 조금씩 지나갔다. 그렇게 꾸미기에 몰두하던 딸도 이제는 화장품을 쟁여 두지 않고, 쇼핑에 마음을 빼앗기지 않는다.

그러나 딸을 향한 사랑과 믿음, 딸과 엄마와의 관계는 변하지 않았다. 어제도, 오늘도, 그리고 내일도 마찬가지일 테다.

육아의 변수는 늘 있지만 흔들림 속에서도 사랑의 자리를 지키는 것. 그것이 부모가 할 수 있는 가장 깊고 단단한 사랑은 아닐까?

엄마는 변하지 않는다는 말

: 결과에 연연해하지 않는 연습

중학교 3학년 2학기부터 딸아이는 눈에 띄게 달라졌다. 한동안 외모에 마음을 쓰던 시절이 지나가자, 어느 순간부터 공부에 관심을 두기 시작했다. 모든 교과의 수행평가와 기말고사, 어느 하나 소홀히 하지 않으려 애썼다. 늦은 밤 방문을 열어 보니 노트북 앞에서 아이가 뭔가를 붙잡고 있었다. 잠을 안 자고 또 유튜브나 보고 있으려나 했는데, 가까이 가 보니 수행평가 준비를 하고 있었다. 정말 열심이었다.

그런 딸아이가 지난주 울먹이며 말했다.

"엄마, 나 망했어. 국어 B 나올 것 같아……. 기말까지 망하면 C 나올 수도 있어."

상황은 이랬다. 수행평가 하나를 잘 못 봤다고 생각했는데, 예상했던 것보다 훨씬 낮은 점수가 나왔다는 것. A는 이미 물 건너갔고, 기말을 잘 보면 B, 기말까지 망치면 C가 나온다는 이야기였다. 하필 그 말을 들은 순간이 내가 줌 클래스를 10분 앞둔 시간이었다. 얼른 방에 들어가 줌을 켜야 했지만, 울먹이는 딸을 그냥 둘 수는 없었다.

"기쁨아, 괜찮아. B 나와도 되고, C 나와도 큰 문제 아니야. 이 점수로 대학 가는 것도 아니고, 다 배우는 과정이야."

급히 말만 전하고 방으로 들어와 줌을 켰다. 하지만 마음이 쓰여서 강의를 시작하기 전 딸에게 카톡을 보냈다.

"시험 결과가 기대에 미치지 않아 속상하지? 하지만 기쁨아, 망하는 건 없어. 지금은 배우는 과정이야. 성공이건 실패건 100점이건 0점이건 반드시 배우는 게 있을 거야. 잘하는 날이 있는가 하면 못하는 날도 있지. 네가 잘하면 엄마도 기뻐. 하지만 못했다고 해서 달라지는 건 없어. 네가 A를 받건 C를 받건 엄마와 아빠는 너를 똑같이 사랑한단다. 너를 향한 시선과 믿음은 변함이 없다는 걸 기억하렴."

그리고 강의를 시작했다. 강의가 끝나고 카톡을 확인해 보니 확인은 했는데 답장은 없었다.

'읽씹'인가 보다 하고 넘겼다. 그 이후에도 딸은 아무 말이 없었기에 그날의 슬픔도, 카톡에 담았던 내 마음도 그저 묻힌 줄 알았다. 그런데 오늘 딸아이가 활짝 웃으며 말한다.

"엄마! 나 국어 A 나왔어!"

"어머, 어떻게?"

"시험마다 반영 비율이 달랐는데, 내가 똑같이 평균 냈던 거였어. 기말 잘 봐서 간신히 A 나온 거야!"

너무 잘됐다고 말하며 물었다.

"근데 기쁨아, 그때 엄마가 보낸 카톡 읽었어?"

딸은 아주 당연하다는 듯 대답했다.

"그럼! 당연하지! 계속 생각이 났어. 나 기말 볼 때도 엄마가 보낸 카톡 떠올렸어. 그래서 안 떨고 시험 본 거야."

순간 뭉클했다. '읽씹'인 줄 알았던 메시지가 그 아이를 붙드는 상수 같은 문장이었다니! 그 말이 딸의 불안을 가라앉히고 떨리는 마음을 안정시켜 결국 스스로 잘할 수 있는 힘이 되었다는 게 나에게 큰 감동이 됐다.

어떤 결과가 나오더라도 나는 변함없이
사랑받는다는 확신 위에 아이는 조금씩
실패를 두려워하지 않는 힘,
실패에 대한 면역력을 키워 간다.

딸아이의 망했다는 말에는 망하고 싶지 않다는 간절한 마음
이 담겨 있다. 아이도 잘하고 싶다. 정말 망해서 운 게 아니라 망
할까 봐 두려워서 울먹이는 것이다. 물론 아이는 망하지 않는 법,
망하지 않기 위해 열심히 하는 태도를 배워야 한다. 그러나 망하
지 않는 준비와 열심만이 아니라 망해도 괜찮다는 기반을 다지
는 것 또한 필요하다. 성공을 위해 나아가기 전에 실패를 두려워
하지 않는 법부터 배워야 하는 것이다. 어떤 결과가 나오더라도
나는 변함없이 사랑받는다는 확신 위에 아이는 조금씩 실패를
두려워하지 않는 힘, 실패에 대한 면역력을 키워 간다.

변하는 것 vs. 변하지 않는 것

아이의 성적은 변한다. 잘할 때가 있는가 하면 못할 때도 있
다. 열심히 한다고 해서 늘 잘 나오는 것도 아니고, 운과 컨디션
에 따라서도 달라진다. 성적은 노력만으로 통제할 수 없고, 여러
변수도 있으니 아이들은 시험이 두렵고 불안하다. 변하는 것에
중심을 두면 흔들릴 수밖에 없다.

이때 부모도 똑같이 성적이나 시험에 매여 있으면 아이와 똑같이 흔들린다. "그러게 미리 공부하라고 했지?", "망했다는 소리 좀 하지 마. 말이 씨가 돼."라고 반응하게 된다.

부모가 변수에 휘둘리지 않는 단단한 기둥으로 버텨 줄 때 아이는 시험이라는 두려움 앞에서 중심을 잡을 수 있다. 아이가 공부를 잘한다면 좋겠지만, 잘하지 않는다 하더라도 부모가 변하지 않고 똑같이 그 자리에 있어 주어야 하는 것이다.

사랑은 거래가 아니다

부모가 주는 사랑의 크기는 성적에 따라 달라지지 않아야 한다. 공부를 잘하면 사랑이 커지고, 성적이 떨어지면 실망이 커진다면 어떨까? 이것은 조건적인 사랑이다. 내 기준에 맞으면 칭찬, 맞지 않으면 비난. 부모를 기쁘게 하면 사랑을 주고 실망시키면 사랑을 철회한다면 어떨까? 이건 사랑이 아니라 사랑으로 포장된 거래다.

사랑은 기브 앤 테이크가 아니다. 사랑은 변하지 않는 상수여야 한다. 아이는 공부를 잘하려고 태어난 존재가 아니고 부모의 체면을 세워 주려고 태어난 것도 아니다. 아이 스스로 원하는 길을 찾고 걸어가야 한다. 또 그 길을 안내하는 것도 부모가 해야 한다. 그 길에 억지로 끌어 앉히는 것이 아니라 걸을 힘이 생길 때까지 조건 없이 기다려 주고 곁에 있어 주는 것 또한 부모의 역할이다.

'잘해도 사랑받고, 못해도 사랑받는 나'라는 믿음을 가진 아이는 결과에 쫓기지 않고 자기 페이스로 걸을 수 있다. 딸이 A를 받아 기쁘기도 했지만 나는 시험 결과 보다 떨지 않고 시험을 볼 수 있었던 그 마음의 안정이 더 소중했다.

눈높이를
맞추는 연습

왜 그렇게 빨리하라고만 했을까

: 아이의 속도에 맞추는 연습

아들은 어려서부터 말도 늦되고 행동도 느린 편이었다. 성격이 느긋한 것도 있고, 소근육 발달이 늦은 것도 있다. 신발 신기부터 옷 입기, 밥 먹기, 글씨 쓰기까지 모든 게 느리고 서툴렀다. 반면 나는 성격이 급하고 무엇이든 뚝딱 해치우는 편이다. 그래서 아들을 기다려 주는 일이 유독 어려웠다.

"빨리해. 왜 이렇게 느려 터졌어?"

"흘리지 말고 먹어. 이렇게 조심성 없어서 어떻게 하니?"

"언제까지 기다리게 할 거야? 기다리는 사람 생각 좀 해!"

자주 채근했다. 혼내기도 많이 했다. 심지어 너 때문에 온 가족이 피해 본다고, 너는 이기적인 아이라고 몰아세우기도 했다.

그런데 돌이켜 보면, 그건 단순한 성격 차이에서 비롯된 문제가 아니었다. 성격 차이라고만 생각했던 갈등의 이면에는, 사실 아이보다 우월한 위치에서의 시선이 숨어 있었다. 높은 자리에서 아이를 밑으로 내려다봤던 것이다.

나는 이렇게 빠른데, 너는 왜 이렇게 느려?
다른 집 애들은 다 하는 걸, 너는 왜 이렇게 못해?

내 딴에는 아들을 잘 키워 보겠다고 휴직을 하면서 노력도 많이 했지만, 아이에게 유의미한 변화는 없었던 이유다.

몇 년을 그렇게 밑 빠진 독에 물 붓기처럼 노력을 쏟아붓고서야 나는 아들이 문제가 아니라 내 시선에 문제가 있음을 깨달을 수 있었다. 아이를 위해 가르친다고 믿었지만, 실상은 내 답답함을 덜기 위해 아이를 고치려 한다는 걸. 내 기준에 맞추기 위한 노력이었기에 어떤 노력을 한다 해도 아이에게 도움이 되지 않았다. 노력할수록 오히려 아이와 내가 멀어진다는 걸 느끼면서 나는 육아의 방향을 바꾸기 시작했다.

아이를 바꾸는 대신 나를 바꾸기로 한 것이다. 그렇게 내 기준이 하나씩 무너지기 시작했고, 그 기준이 무너지고 나서야 비로소 아들과 같은 자리에 설 수 있었다. 위에서 아래로가 아니라 사람과 사람으로 말이다.

"다 과정이야.
천천히 해도 돼."

"빨리하고 싶은데 잘 안되지? 그래도 포기 안 하고 끝까지 하는 게 참 기특하다."

"엄마도 어릴 땐 흘리고 묻히고 먹었어. 다 과정이야. 천천히 해도 돼."

이 말들은 아이를 바꾸려 하지 않는다. 대신 아이의 마음을 편안하게 만든다.

그리고 아이는 마음이 편안해질 때쯤 스스로를 바꾸기 시작한다.

우리가 생각하는 것보다 엄마의 기준은 높다. 의도하지 않아도 쉽게 높은 자리로 올라간다. 그 자리에서는 아이가 작고 느리게만 보인다. 의도적으로 내려오려고 하지 않으면 아이는 부모의 시야 밖으로 밀려나기 일쑤다.

나 역시 긴 시간 아이를 이해하려고 하기보다는 바로잡으려고 했다. 하지만 아이의 느림은 결함이 아니라 아이가 살아가는 고유한 속도다. 바꿀 게 아니라 인정하고 함께 맞춰 가야 한다. 아이도 빨리하고 싶을 것이다. 아이도 흘리고 싶지 않았을 것이다. 아이도 글씨를 잘 쓰고 싶을 것이다. 약속도 잘 지키고 싶을 테고. 잘하고 싶은데 잘 안되는 거다.

우리도 그렇지 않나? 아이에게 예쁘게 말하고 싶고, 다정하게 대하고 싶지만 그게 잘 안되는 날들이 있다. 그럴 때 우리를 일으켜 세우는 건 비난이 아니라 공감이다.

"왜 그렇게밖에 말을 못 해?", "왜 그렇게 애한테 상처를 줘?"

위에서 아래로 향하는 말이 아니라 "나도 그래. 나도 마음처럼 안될 때가 많아. 그래서 자식을 키우면서 사람이 되어 가나 봐."와 같이 동등한 눈높이와 입장에서 건네는 말이 우리를 일으켜 세워 준다. 아이도 마찬가지다.

◆ **자꾸 놀리는 친구에게 자기방어를 못 하고 울고 마는 초 2**

: **위에서 말하기** :

- "울지 마. 울면 더 만만히 본다니까!"
- "왜 아무 말을 못해! 울지 말고 얘길해! 하지 말라고, 기분 나쁘다고 왜 말을 못해!"
- "앞으로는 선생님께 곧장 말씀드려."

: **눈높이에서 말하기** :

- "속상하면 눈물이 나지. 갑자기 생각지도 않은 놀림을 받으면 머리가 하얘져서 할 말이 생각이 안 날 수 있어."
- "엄마도 어려서 속상하면 말문이 막혔어."
- "엄마가 어떻게 도와주면 좋겠어?"
- "그때로 다시 돌아가면 그 친구한테 뭐라고 말하고 싶어?"

✦ 5살 동생에게 양보하지 않는 초 1

나의 이전 책 《엄마의 말 연습》은 "이런 말은 하지 말고, 이렇게 말해 주세요."라고 하는 형식이다. 그때 하지 말아야 할 말들은 모두 윗자리의 말이고, 해 줘야 하는 말들은 모두 낮은 자리의 말이다. 낮은 자리로 내려오는 연습이 되어 있지 않으면, 아무리 엄마의 말 연습을 해도 막상 상황이 닥쳤을 때 좋은 말이 나오지

아이의 윗자리	아이의 옆자리
위에서 밑으로 내려다보기	동등하게 바라보기
우월적 지위	동등한 지위
가르침, 교정이 목표	이해, 친해지기, 가르치기가 목표
일방적, 끌고 가기	상호적, 함께 가기
아이는 교정의 대상	아이는 고유한 존재
아이의 마음이 닫힘	아이의 마음이 열림

않는다.

그래서 말보다 먼저 '자리'를 바꾸는 연습이 필요하다. 시선을 낮추고, 마음의 자리를 낮추는 연습 말이다.

사랑은 낮은 자리에서만 자란다. 아이의 눈높이에 설 때 비로소 아이의 마음을 볼 수 있다. 진짜 공감과 존중은 그 자리에서 시작된다.

공감은 평등한
자리에서 나온다

: 아이를 따라가는 연습

서울에서 바쁘게 살던 시절, 원고 마감을 며칠 앞둔 어느 날이었다. 아들이 비닐 터널을 끌고 와 말했다.

"엄마, 이거 하자."

"응, 이거만 쓰고. 잠깐만, 엄마 지금 쓰던 것만 마무리하고."

몇 분이 지나자, 아들은 나를 또 불렀다.

"엄마, 언제 해?"

"잠깐만, 조금만 기다려. 이 부분, 진짜 중요한 거야."

나는 집중이 흐트러질까 봐 방어적으로 대답했다. 그런데 잠시 후 아들은 터널을 바닥에 던지고 방으로 들어갔다. 그제야 알았다. 아이는 터널을 오가고 싶었던 게 아니라 나랑 놀고 싶었던 거였다.

이거 좀 봐 줘, 나랑 놀자.

아이가 보내는 신호를 나는 자주 놓쳤다.

아들 초등 입학에 맞춰 제주로 내려와 느리게 살면서 나는 조금씩 아이의 세계에 들어가는 법을 배워 갔다. 그래서 초등 1~2학년 때의 아들이 어떤 아이였는지는 선명하다. 무엇을 좋아했고, 왜 좋아했는지. 관심사가 새였다가 곤충이었다가 과학책이었다가 이야기책으로 넓어지는 것도 옆에서 함께 지켜봤다.

하지만 네 살, 다섯 살, 여섯 살 무렵 아들의 세계는 흐릿하다. 그 무렵 우리 아들은 공룡 홀릭이었다. 그때 무슨 무슨 사우르스라는 이름이 왜 그렇게나 많은지. 공룡 피규어를 사도 사도 아들은 또 다른 사우르스를 찾아냈다. 마트에 가면 또 사 달라고 달달볶일까 봐 장난감 코너를 피해 멀리 돌아가곤 했다.

그때 나는 그저 공룡 장난감을 피해 다니기만 했지 궁금해하지는 않았다.

그때 아들에게 공룡은 어떤 친구였을까? 왜 초식공룡보다 육식공룡을 더 좋아했을까?

지금 우리 아이가 빠져 있는 세계는 무엇인가? 레고, 자동차, 공룡 등등 아이의 관심사에 공감하고 함께해 주는 것은 정말 의미 있는 일이다. 아이의 세계는 늘 그 시절에만 열려 있으니까.

공감은 아이의 옆자리에서

육아에서 공감과 이해가 중요하다는 건 널리 알려진 사실이다. 그런데 공감은 말의 기술이 아니다.

공감은 자리에서 나온다. 부모가 아이 위에서 아이를 끌고 가려고 하면 공감해 줄 수가 없다. 공감은 부모가 아이의 자리로 내려가서 아이의 속도로 걷고, 아이의 시선으로 세상을 바라볼 때 일어난다. 말하지 않아도 아이는 이해받고 있다고 느낀다. 공감이 서툰 이유는 부모가 아이보다 앞서 있거나, 위에서 내려다보고 있기 때문이다. 공감은 평가할 때가 아니라 그 사람과 동등한 위치에 있을 때 할 수 있다.

시간차를 뛰어넘는 힘은 부모에게 있다

엄마가 된다고 해서 저절로 공감에 익숙해지지는 않는다. 아이와 부모 사이에는 늘 시간차라는 장벽이 있으니까. 아이는 두 살, 부모는 서른두 살. 아이는 열 살, 부모는 마흔다섯 살. 부모와 아이의 나이 차이는 언제나 존재한다.

그 간극을 뛰어넘을 힘은 아이에게 없다. 다섯 살 아이는 서른 살 어른인 적이 없다. 열 살 아이는 마흔 살 어른으로 살아 본 경험이 없다. 어른의 마음을 이해할 수 없고 부모의 시각을 알 길이 없다.

하지만 부모는 할 수 있다. 누구나 아이였던 시기를 거쳤다. 유아기, 초등 시절, 사춘기를 다 거쳐 어른이 됐다. 다섯 살 아이의 마음, 열 살 아이의 관점으로 내려가 그 아이를 따라가 줄 힘이 부모인 우리에게는 있다.

공감은 그래서 아이를 어른의 자리로 끌어올리는 일이 아니라 어른이 아이의 자리로 내려오는 일이다. 무슨 말을 할지보다 어디에 설지를 연습하는 것, 그게 공감 연습이다.

이제 아이들은 무럭무럭 커서 더 이상 나에게 놀아 달라고 하지 않는다. 하지만 자주 이야기를 나누자고 한다. 이야기를 나눈다고 하지만, 사실 아이의 이야기를 일방적으로 경청하는 시간에 가깝다. 아이들은 나에게 자기 얘길 하고 싶어 한다. 지금은 언제건 아이들이 얘기하자고 할 때면 하던 일을 내려놓고 응한다. 따라가지 않으면 만날 수 없음을 알고 있기 때문이다.

같은 집에서 20년을 살아도 서로에 대해 모르는, 친밀감을 느끼지 못하는 부모와 자식이 드물지 않다. 같이 밥을 먹고 같은 공간에서 긴 시간 함께 살아도 서로의 세계에 내려가지 않으면 평생 평행선처럼 쳐다만 볼 뿐 만나지 못한다. 슬픈 일이다. 그래서 부모가 기꺼이 아이를 따라가 주어야 한다. 옆에서 아이를 따라가 줄 때 아이와 부모는 시간차를 뛰어넘어 같은 방향을 볼 수 있다.

혼내지 않아도
전해지는 진심

: 아이를 진정으로 위하는 일인지 구분하는 연습

교회에는 초등 남자아이들이 많다. 우리 아들도 그중 하나다. 예배 시간마다 웅성거림이 끊이지 않는다. 조용히 하라는 눈빛을 보내고, 손짓을 해 보지만 말해도 그때뿐, 또다시 속닥속닥거린다.

그런데 어느 날, 군 복무 중인 한 청년이 휴가를 맞아 교회에 왔다. 교회 집사님의 아들이었다. 그날도 아이들이 떠들고 있었는데, 그 청년이 아이들 옆으로 다가왔다. 삐딱하게 앉은 의자를 가만히 당기고, 눈을 맞추며 검지를 입술에 갖다 댔다.

"쉿!"

어떤 말도 없이, 그저 손가락을 입술에 대며 조용히 하라는 제스처뿐이었다. 신기하게도 아이들이 금세 자세를 바로 했다.

나는 그 장면이 좋았다. 조용히 다정하지만 단호한 모습.

그런데 나중에 들으니 그 집사님은 오히려 아들의 행동이 마음이 걸리셨단다.

"휴가 때 잠깐 오는데 굳이 아이들에게 그런 말을 할 필요가 있나? 그냥 예뻐만 해 주면 되지 않아?"

그랬더니 그 청년이 이렇게 말했다고 한다.

"엄마, 나는 저 나이 때 쟤네보다 더했어. 더 개구쟁이였고, 예배 시간에 더 떠들었어. 그래서 애들이 이해돼. 그런데 그냥 넘어가는 것보다 한 번이라도 가르쳐 주는 게 나아. 그래야 배울 수 있잖아."

우리는 아이를 혼낼 때 종종 목적을 잃어버린다. 시끄러워서, 보기에 불편해서. 아이를 위한 마음도 있지만, 내 불편을 빨리 해결하기 위함일 때도 많다.

사람은 누구나 위에서 아래로 내려다보는 시선 앞에서 마음이 닫힌다. 아무리 옳은 말이라도 높은 자리에서 떨어지는 훈계에는 귀를 기울이기 어렵다.

그런데 그 청년의 말에는 내려다보는 시선이 없었다.

나도 그랬어.
나는 너희보다 더했어.

이 말 속에는 동등한 자리에서 건네는 따스한 시선이 있다. 아이 위에 서서 "왜 그래?"라고 지적하는 것이 아니라, 아이 옆에 서서 "나도 그랬어."라고 말해 주는 사람. 그런 시선 앞에서 아이들은 비로소 마음을 연다.

훈육의 중심이 '나의 불편함을 해결'하는 게 아니라 '아이의 성장'에 있을 때 그 가르침이 사랑이라는 것을 깨달을 수 있다. 훈육의 상황에서 우리는 먼저 자신에게 물어봐야 한다.

나는 지금 내 불편함을 해결하려고 하는가, 아니면 아이의 성장을 돕고 싶은가?

이 질문 하나가 내 말투와 시선을 바꾸어 놓을 수 있다.

아이들이 금세 조용해진 건 군인 형의 포스 때문만은 아니었을 거다. 그 안에서 '형이 우리 마음을 이해한다.'라는 관심과 사랑을 느꼈기 때문은 아닐까. 훈육은 아이를 위한 마음에서, 그리고 같은 눈높이에서 시작한다. 동등한 입장에서 손을 내밀 때 아이는 조금씩 배우고 성장할 수 있다.

아이에게 배운다

: 미숙함을 문제로 보지 않는 연습

"엄마 돈 줘. 편의점 가게."

아들은 일주일에 한두 번, 학교를 마치고 편의점에 간다. 학교에 갈 때 용돈을 줄 수도 있지만, 잃어버릴 수도 있고, 또 집이 학교 코앞이니 집에 와서 받아가라 했다.

그날도 아들은 베란다 밖에서 나를 불렀다. 그날따라 천 원짜리, 오 천원짜리가 한 장도 없어서 만 원을 쥐어 주며 쓰고 남겨 오라고 했다. 그런데 아들은 빈손으로 돌아왔다.

"뭘 사 먹었길래 만 원을 다 썼어?"

"구름이가 사 달래서 사 줬어."

"뭘 사 줬는데?"

"무슨 장난감 붙은 초콜릿. 7,500원이었어."

나는 순간 멈칫했다. 초등학교 3학년에게 7,500원이면 큰돈이다.

"그럼 안 된다고 했어야지!"

"안 된다고 했는데 구름이가 계속 졸랐어. 제발, 제발 이러면서 조르고 또 졸랐다고."

나는 더럭 겁이 났다.

이게 '삥 뜯김'의 시작은 아닐까. 지금은 7,500원이지만, 중학생이 되면 7만 5,000원이 될지 모르는 일 아닌가.

"안 된다고 딱 말해야지. 네가 단호해야 해. 그래야 안 졸라. 네가 사 줄 거 같으니까 계속 조르는 거야."

"자, 엄마 따라 해. '안 돼!' 해 봐. 너 연습해야 해."

사실 이런 연습을 숱하게 해 봤지만 달라진 건 거의 없었다. 아들을 끌고 가는 방식은 수도 없이 써 봤지만, 아들은 늘 제자리였다.

문득 궁금해졌다. 아이는 어떤 마음이었을까? 정말 뭐라고 하고 싶어 할까?

"네가 안 된다고 했는데도 계속 졸랐다니, 당황했겠다."

"어. 계속 조르고 또 조르고 또 졸라."

"그러니까. 머리가 하얘졌겠네. 다시 그때로 돌아간다면 그 친구한테 뭐라고 하고 싶어?"

아들은 잠시 고민하다가 말했다.

"음……. '구름아, 천 원짜리 중에 골라. 천 원이나 천오백 원짜리면 내가 사 줄 수 있어.' 이렇게 말할 거 같은데."

응……? 이런, 너무 다정하다. "안 돼!"라는 말보다 훨씬 따뜻하지 않나. 그렇게라면 사 줘도 된다. 친구에게 사 주고 왔다고 하면 나도 잘했다고 했을 거다. 친구끼리 잘 지내서 보기 좋다고 할 거다.

"태양아, 너무 좋다. 천 원짜리 중에 골라. 그 말 너무 다정하다. 다음에 친구가 사 달라고 조르면 그렇게 얘기해."

친구가 무안하지 않도록 배려하면서 한계를 넘어가는 건 정중하게 선을 긋는 아들만의 다정한 방법이다. 안 된다고 딱 잘라 거절하는 건 우리 아들에게 맞는 방식이 아니었다.

아들의 세계로 따라가니, 내 걱정보다 훨씬 다정하고 현명한 아이를 만날 수 있었다. 아이의 자리로 내려가 아이의 마음을 들어 주니 아이 안에 이미 있는 지혜가 조용히 모습을 드러냈다.

누가 누구를 가르친 걸까? 내가 아들한테 배운다.

아이를 키우다 보면 문제처럼 보이는 장면이 끊임없이 나타 난다. 친구에게 7,500원짜리를 사 주고 온 일도, 놀리는 친구에 게 아무 말도 못 한 일도, 다정하던 아이가 단답형으로 답하고 방 으로 쏙 들어가 버리는 일도 부모의 눈에는 모두 '문제'로 보인 다. 지금 바로잡지 않으면 큰일 날 것 같고, 가만히 두면 나중에 더 어려워질 것 같아 불안하다. 그래서 부모는 자꾸 해결사가 되 려고 한다.

여기서 한 가지 짚어야 할 것이 있다. 해결사라는 역할은 우월 적 지위에서 성립한다는 점이다. 문제를 바로잡는다, 해결한다 는 데는 이미 '내가 더 알고 있다.', '내가 더 낫다.'라는 전제가 들 어 있다. 반대로 눈높이를 맞춘다는 것은 위에서 고치는 일이 아 니라 아이의 자리로 내려가 생각을 묻는 일이다.

같은 상황에서 어떤 자리와 위치에서 보느냐에 따라 해석이 달라진다. 위에서 보면 문제지만, 아이의 눈높이에서 보면 그것 은 아이 나름의 선택이거나 과정일 때가 많다. 아이가 친구에게 비싼 물건을 사 주고 오면 부모의 눈에는 당하기만 하는 상황, 손해 보는 아이, 앞으로 더 큰 문제가 될 행동으로 보인다. 하지만 아이의 눈높이로 내려가 보면 친구와 잘 지내고 싶은 마음, 친구를 무안하게 하고 싶지 않았던 따스한 마음이 보인다.

물론 방관하라는 뜻은 아니다. 개입이 필요한 문제도 있다. 폭력이나 지속적인 따돌림처럼 아이 혼자 감당할 수 없는 일도 분명히 있기 마련이니까. 아이의 안전과 직결된 문제라면 부모가 단단한 방패가 되어 주어야 한다. 하지만 모든 상황 속에서 부모의 개입과 해결이 아이를 돕는 건 아니다.

길과 길 사이에 틈이 벌어져 있다고 상상해 보자. 부모가 다리를 놓아 주면 아이는 빠르고 안전하게 건널 수 있다. 하지만 어떤 거리는 아이가 자라 도약할 힘이 생기면 충분히 뛰어넘을 수 있는 간격이다. 그때 부모가 아이의 눈높이에서 기다려 주지 못하고 다리를 먼저 놓아 버리면, 아이는 뛸 기회를 잃게 된다.

부모에게는 '문제를 해결하는 연습'만이 아니라 '문제가 아닌 것을 문제로 보지 않는 연습'도 필요하다. 아이의 행동 하나하나를 고쳐야 할 문제로 보지 않고 성장으로 가는 통로로 볼 수 있을 때 부모의 마음도, 아이의 마음도 조금씩 편안해진다. 아이의 눈높이에서 만난 아이는 부모의 생각만큼 그렇게 문제적이지 않을 수 있다. 내 아들이 그랬던 것처럼.

아이가 아프다고 하면
심장이 내려앉지만

: 아이 곁을 침착하게 지키는 연습

"엄마, 나 머리 아파."

잠자리에 들려던 둘째가 불쑥 말했다.

며칠 전에는 큰아이가 피부에 뭐가 났다며 "피부암 아니야?" 하고 울먹였다. 인터넷에서 찾아본 사진이 비슷해 보였다는 이유였다.

아이들이 아프다고 하면 가슴이 철렁 내려앉는다. 예전엔 더 심했다. 지금도 걱정이 없는 건 아니지만 몇 번 겪어 보니 알게 됐다. 배앓이나 두통은 대부분 응급한 상황이 아니라는 걸.

그때부터 나에게 작은 대처법이 하나 생겼다.

'별일 아닐 수도 있어. 겁먹지 말자.'

이제는 아이가 아닌 스스로를 달랜다.

부모는 아이가 아프다고 하면 본능적으로 해결하려 든다. 약을 먹이고, 배를 문질러 주고, 병원을 검색하고, 원인을 찾는다. 하지만 해결만큼이나 중요한 게 있다. 곁을 지켜 주는 것이다.

아이에게 아픔은 낯설고 두려운 일이다. 언제 끝날지 모르기 때문이다. 그때 부모가 곁에 있어 주면 아이는 혼자가 아니라는 걸 느낀다. 손을 잡아 주는 누군가가 있다는 사실만으로도 아이 마음은 한결 안정을 찾는다. 천둥 번개와 태풍이 찾아와도 부모는 비바람이 지나가는 걸 알기 때문에 두렵지 않지만, 아이는 처음 겪는 소리와 강도이기에 두렵기만 하다. 하지만 부모 품에 있으면 그 시간이 지나간다는 걸 몸으로 배우게 된다. 아픈 것도 그렇다.

아이 곁에서 평정심을 유지하는 건 말처럼 쉽지 않다. 태풍처럼 지나가는 걸 아는 대상이라면 그래도 쉽지만, 사춘기에 들어서 하지 않던 말과 행동이 쏟아질 때는 부모도 한 치 앞을 내다볼 수 없어서 불안해진다. 불안하면 자꾸 해결하고 싶어진다.

하지만 부모가 늘 해결사가 되야 하는 건 아니다. 성장통을 겪

는 아이 곁에서 흔들림 없는 존재로 서 있는 것만으로 충분할 때
도 많다. 아이가 아플 때, 마음이 흔들릴 때, 폭풍우 속에서도 같
은 자리에 있어 주는 것이다.

물론 응급 상황에서는 병원이 답이다. 하지만 일상의 많은 변
수 앞에서 부모가 줄 수 있는 최선은 해결보다 동행일 때가 많다.

"넌 혼자가 아니야."
"엄마가 여기 있어."

이 말만으로도 아이에게는 충분한 약이 된다.

아이가 아플 때나 인생의 혼란기가 찾아왔을 때 곁에서 그대
로 버텨 주는 부모의 품에서 아이는 배운다. 아픔도, 불안도 모두
지나간다는 것에 대해서.

그리고 언젠가 자기 삶에서도 스스로 그렇게 붙들 줄 아는 사
람이 될 수 있다.

눈높이를 맞춘다는 건 아이의 아픔을 제거해 주는 게 아니라
아이가 아픈 그 자리로 내려가 함께해 주는 마음이다. 엄마가 곁
에 있다는 믿음이 있을 때, 혼자가 아니라는 걸 느낄 때 아이는 안
정감을 찾고 난관과 어려움을 이기면서 다시 일어설 힘을 얻는다.

잘 안 먹고, 자주 안기는 아이

: 충만한 사랑으로 함께하는 연습

우리 아들은 입이 짧다. 징글징글하다 싶을 만큼. 이 녀석이 안 먹던 건 아기 때부터였다. 이유식을 주면 족족 뱉어 냈고, 유아식에서 밥으로 넘어가기까지 입으로 들어간 것보다 밖으로 나온 게 더 많았다. 아이스크림 하나를 다 못 먹어서 녹아내리고, 젤리 한 봉지도, 짜파게티 한 개도 다 못 먹고 남긴다. 겨우 허기만 면하면 배부르다고 한다. 식사 때면 내 눈치를 살피며 묻는다.

"엄마, 그만 먹어도 돼요?"

그 말을 들을 때마다 속에서 열불이 난다.

"한 번만! 딱 한 번만 더. 잘 먹어야 키 크지."

이건 좋은 대화가 아니라는 걸 알면서도, 하위 10퍼센트를 벗어나지 못하는 키와 체중 앞에서 이런 말을 참 자주 하게 됐다.

그런데 노는 걸 보면 얼마나 힘차게 뛰어노는지, 도대체 쟤는 영양 보충을 뭘로 하는 건가 싶다.

아들은 초 5가 된 지금도 여전히 내게 자주 안긴다. 눈을 뜨자마자 내게로 와서 안기고, 한참을 껴안은 뒤에야 일어난다. 하루에도 몇 번씩 나를 부른다.

"엄마, 안아 줘."

밥하러 간다 하면 팔을 붙잡고 말한다.

"안 돼! 조금 이따가 가! 만 번을 안겨도 부족해!"

이게 아이의 에너지 충전 루트 같다. 다른 아이가 밥으로, 나는 잠으로 충전한다면 우리 아들은 사랑으로 충전되는 아이인가보다.

사실 내 아들 이야기만이 아니다. 우리는 누구나 사랑으로 충전이 된다.

사람은 원래 닮은 사람에게 끌리기 마련이다. 비슷한 성격, 비슷한 경험, 비슷한 고민을 가진 사람과 있을 때 설명하지 않아도 통한다. 그래서 힘들 때 전화하는 친구도, 속상할 때 찾는 사람도 대개 나와 비슷한 사람인 경우가 많다. 닮았다는 사실이 우리를 편안하게 해 주기 때문이다.

아이와 부모는 닮은 듯해도 실상은 닮기 어렵다. 나이도 다르고, 경험도 다르고, 자라는 속도도 다르다. 그래서 자꾸 엇갈리고, 답답해지고, '왜 이렇게까지 안 통하지?'라는 마음이 든다. 하지만 연결은 아이를 나에게 맞추는 노력이 아니다. 내가 아이가 서 있는 그 낯선 자리로 기꺼이 한 발 옮길 때 비로소 시작된다.

"숙제 해라. 밥 먹어라. 남기지 마라. 일찍 자라. 선생님 말씀 잘 들어라."

지시, 명령, 금지, 확인. 이 말들로는 아이도, 어른도 충전되지 않는다.

우리는 언제 에너지를 얻었던가?

"살 빼. 운동 좀 해. 그만 먹어." 이런 말이 아니라,

"괜찮아? 요즘 힘들지?" 이 한마디에서 힘을 얻는다.

마음을 알아주는 말, 사랑의 언어에서 우리는 회복된다.

우리 아들이 만 번을 안기는 이유, 그리고 내가 만 번을 안아 주는 이유도 바로 이거다.

우리가 아이에게 사랑하는 마음을 주고받는 시간은 얼마나

될까? 지시하고, 확인하고, 통제하는 시간이 아니라 눈을 맞추고, 표정을 살피고, 안아 주고, 토닥여 주고, 그냥 곁에 있어 주는 시간 말이다. 따져 보면 그리 길지 않다.

그 시간에는 말이 필요 없다. 함께하는 것으로 충전이 일어나니까. 부모는 아이를 끌고 가려 하지 않아도 된다. 그저 아이의 자리로 내려가 주기만 하면 된다. 우리가 바닥을 찍었을 때 곁에 있어 준 누군가 덕분에 다시 일어섰던 것처럼 아이도 그렇다. 아이에게는 "숙제해!"라는 채찍보다 "네 엄마라서 참 좋아!"라는 따뜻한 품이 더 절실한 약일지도 모른다. 그 품 안에서 충분히 충전된 아이는 오늘 얻은 사랑의 힘으로 내일이라는 세상을 향해 다시 씩씩하게 걸어 나갈 것이다.

비효율을
감수하는 연습

시간 낭비를 사서 하는 집

: 시간이 걸리더라도 물어보고 이해하는 연습

어렸을 때 외식을 하러 갈 때면, 뭐가 먹고 싶다거나 어느 음식점으로 가자고 말해 본 기억이 없다. 그저 아빠가 정한 곳을 따라가는 식이었다. 갈빗집이기도 했고, 오리백숙집이기도 했고, 중식당이나 경양식집이었던 날도 있었다. 그때그때 메뉴는 달랐는데, 나는 정해진 대로 그저 따라갔다.

지금의 나는 아이들과 외식을 하려고 하면 메뉴를 정하는 데만 한참이 걸린다.

"마라탕 먹으러 가자!"

"마라탕 싫어. 나는 김치찜."

두 아이가 의견이 같았던 적은 많지 않다. 대부분 서로 다른 메뉴를 원한다. 나와 남편이야 아이들 의견에 웬만하면 맞추지만, 딸과 아들의 합의는 쉽지 않다. 아들은 마라탕은 싫다 하고,

딸은 김치찜은 지난번에 먹었으니 지겹다고 한다. 그렇게 서로 밀고 당기다 보면 외식 메뉴 하나 정하는 데만 시간이 훌쩍 가서, 어떤 날은 30분이 걸리기도 한다. 집을 나서기도 전에 나는 이미 기진맥진해지기도. 그냥 아무거나 좀 먹으면 어때서, 도대체 이게 뭐라고.

솔직히 말하면 메뉴 정하는 데 30분이 걸린다는 건 시간 낭비다. 부모가 나쁜 걸 권하는 것도 아니고, 가깝고 맛있고 가성비도 좋은 곳을 골라 가자는 건데, 아이들은 믿고 따라오는 게 시간을 아끼는 길이기도 하다. 내가 자라 온 방식도 그랬다.

그런데 부모가 아이들을 끌고 오는 방식으로는 시간을 아낄 수는 있지만, 서로 알아가고 친해질 수는 없겠다는 생각이 든다. 무엇을 좋아하고, 무엇을 싫어하는지, 어떤 이유로 그걸 원하는지. 그런 것들은 느리고 돌아가더라도 묻고, 듣고, 대화하는 것 외에 알 길이 없는 것 같다.

비효율적이고 시간 낭비 같지만 사소한 것도 아이들에게 의견을 구하고, 생각을 물어보는 이유다.

묻고, 듣고, 기다리는 시간 속에서
아이의 마음은 자란다.

아이와 이야기할 때는 늘 두 가지 방식 사이에서 갈팡질팡하게 된다. 하나는 지시, 확인, 금지처럼 빨리 끝내는 방식이고, 다른 하나는 대화, 질문, 조율처럼 시간이 걸리는 방식이다.

빨리 끝내는 방식은 분명 편하다. "오늘은 갈비 먹으러 갈거야."라고 정해 버리면 고민할 필요가 없다. 아이들 의견을 묻고 조율하는 수고도 덜 수 있다. 바쁜 날에는 이런 방식도 필요하다.

여러 사람이 서로를 이해하고 조율해 나간다는 건 늘 시간이 걸린다. 비효율적이다. 그런데 그런 느린 시간 속에서만 아이와 부모는 서로를 알아 갈 수 있다.

✦ 두 형제의 다툼

: 빠른 방식 :

- "너희는 눈만 마주치면 싸우지."
- "형은 동생한테 양보해야 하고, 동생은 형 말을 들어야 해."
- "둘이 악수해. 안아 줘."
- "이제 각자 방으로 들어가. 가서 자기 할 일해."

: 느린 방식 :

- "어떤 점이 섭섭했어? 와서 얘기해 봐. 엄마가 들어줄게."
- "화가 단단히 난 거 같네. 그래도 동생이 사과하면 받아 줄 마음이 있어?"
- "형한테 미안하다고 할 마음이 있어?"
- "아직 화해할 마음이 없구나. 그럼 어쩔 수가 없어. 억지로는 못해. 아이스크림 먹고 마음 좀 차분히 가라앉히자."

◆ 하교 후 집에서 놀면서 게임 얘기를 하는 상황

: 빠른 방식 :

- "엄마는 게임에 관심이 없어. 너 또 그렇게 게임 얘기하다 아이템 사 달라고 하잖아. 아무 영양가 없는 얘기 그만해."
- "너 지금 이럴 시간이 있니? 학원 숙제도 밀렸잖아. 이러다 또 못해."
- "늦어도 10시에는 자야 하는데, 그래야 성장 호르몬 나와서 키 커. 네 할 일부터 하고 얘기해. 다 순서가 있는 거야."

: 느린 방식 :

- "게임룰은 이제 알겠어. 엄마가 게임은 안 하는데, 너한테 얘기를 하도 들으니 이제 대략 그림이 그려진다."
- "그런데 게임 아이템은 지난달에도 사 줬어. 매달 사 달라고 하면, 엄마가 곤란해."
- "학원 숙제 있다고 하지 않았어? 오늘 하루 어떻게 보낼 계획이야?"
- "늦어도 10시 전에는 자야 하니까, 시간이 별로 없는 거 같은데, 괜찮아?"

빠른 방식	느린 방식
각자 자기 할 일 하기	천천히 같이 하기
지시, 확인, 금지, 명령 위주	공감, 경청, 대화, 질문 위주
일, 성과, 결과(효율 추구)	사랑, 관계, 이해(비효율 추구)
부모 주도, 아이는 따름	같이 주도, 함께 결정
빨리빨리, 열심히, 성실하게	천천히, 같이, 함께
빠른 일 처리, 먼 관계	느리게 같이 감, 기끼운 관계

그냥 "안 돼, 안 사 줘, 숙제부터 해!"라고 말하면 30초면 끝날 일을 5분, 10분씩 앉아 이야기한다는 건 참 비효율적이다. 그런데 이 대화 속에서 아이는 이런 걸 연습하게 된다. 시간을 스스로 계획해 보는 연습, 욕구(게임)와 해야 할 일(숙제) 사이를 조정하는 힘, 부모와 의견이 달라도 대화할 수 있다는 경험. 지시 한 마디로 당장 숙제를 하게 할 수 있지만, 사고력과 자기 조절은 대화 속에서만 자란다.

싸우는 아이들의 상황에서도 그렇다. "하지 마." 한마디면 조용해진다. 싸우지 말라고 하면 멈추고, 화해하라고 하면 잠시 안 는 척이라도 한다. 하지만 억지로 사과하고, 혼날까 봐 화해한다. 겉으론 해결된 것처럼 보여도 마음의 앙금은 조금씩 쌓여 간다. 반면 양쪽의 말을 들어주고, 감정을 풀고, 서로의 입장을 조율해 주는 일은 정말 비효율적이다. 화해에 이르기까지 시간이 한참 걸린다. 다 들어주다 보면 온몸에 진이 다 빠진다. 내가 왜 이 고생을 하나 싶기도 하다.

나와 다른 사람을 이해하는 일은 결코 빠르게 할 수 없다. 사람을 향한 시간과 정성, 감정 에너지라는 비효율적인 투자가 있어야 한다. 효율로는 도저히 닿을 수 없는 영역이다.

물론 아이가 위험한 행동을 하려 할 때 "안 돼!"라고 즉각적으로 제지하는 건 필요하다. 옳고 그름과 안전의 문제에서는 즉각적인 통제가 필수다. 하지만 빠른 길만으로는 아이의 세계를 만날 수 없다. 느리지만 묻고, 듣고, 기다리는 질문과 경청의 반복 속에서만 사람은 사람을 알아 갈 수 있다.

아이는 이끌어야 할 대상이기 전에 그 자체로 온전히 이해받아야 할 존재다. 우리가 효율이라는 지름길을 포기하고 아이의 보폭에 맞춰 돌아가야 하는 이유다.

내가 시급이 얼마짜린데

: 지루해도 아이 곁을 지키는 연습

둘째가 초등학교 1학년 때 아들 반에는 딱지치기가 유행이었다. 쉬는 시간마다 딱지를 치고 노는데, 자기 딱지는 힘이 없어서 맨날 진다고 토로했다.

"엄마, 딱지 접어 줘. 두꺼운 걸로."

검색을 해 보니 무게감이 있어야 타격이 들어간다고 했다. 색종이로 접은 아들의 딱지는 가볍고 힘이 없었다. 우유갑이나 신문지를 겹쳐서 접어야 두꺼운 딱지가 되는데, 집엔 우유갑도 신문지도 없었다. 나는 얼른 편의점에 가서 우유를 사고, 돌아오는 길에 경비실에 들러 신문지를 얻었다. 우유를 다 못 마시니 나머지는 텀블러에 덜어 두고, 우유갑을 씻어 말렸다. 가위를 들고 우유갑의 사면을 잘라 펼친 뒤 딱지접기를 시작했다.

초등학교 교사 시절에도 아이들과 종이접기를 했지만, 막상

하려니 기억이 나질 않았다. 유튜브 영상을 찾아 중간중간 멈춰 가며 한 땀 한 땀 겨우 따라 접었다. 지루한 가내수공업의 현장에서 문득 이런 생각이 들었다.

한 시간 넘게 지금 뭐 하고 있는 거야. 딱지가 뭐라고.
내가 시급이 얼마짜린데 이러고 있어?

순간, 소름이 돋았다. 아이에게 딱지 접어 주는 시간을 아까워하는 나란 사람…….

나는 아이와 더 많은 시간을 보내기 위해 모든 일을 내려놓고 제주로 왔다. 아이와 함께 웃고 놀며 살고 싶었다. 그런데 정작 아이를 위해 시간 쓰는 걸 아까워하고 있었다.

만약 누가 아이를 위해 돈 쓰는 걸 아까워한다면 나는 뭐라고 했을까? 돈이 없어서가 아니라 있는 데도 쓰기 아까워하는 거라면 인색하다고 했을 것이다.

그런데 나는 아이를 위해 시간 쓰는 걸 인색해하고 있었다. 일이 바빠서가 아니라 시간이 있는데도 효율과 쓸모를 따지며. 나는 왜 이렇게 시간 효율에 매여 있었던 걸까?

그로부터 5년이 지났다. 나는 그동안 수많은 비효율적인 일들을 했다. 예전 같았으면 지금은 바빠서 안 된다고 넘어갔을 일들이다. 전에는 아이들에게 영화를 틀어 주고 나는 내 일을 했다. 이젠 내 기준으로 별 재미가 없는 영화라도 함께 보고 웃는다. 아이들 하교 시간에는 꼭 집에서 아이들을 맞아 주고, 테이블에 앉아 그날 하루에 있었던 이야기들을 들어 준다.

사실 쓸모로 따지자면 하나 영양가 없는 이야기가 대부분이다. 그런데 귀 기울여 주고 함께 웃는 시간이 쌓이자, 그 시간이 내 하루의 가장 따뜻한 일과가 됐다.

조금 느려도 함께 있는 쪽을 선택한다. 처음엔 지루하고 비효율적이라 느껴졌던 시간이 지금은 내 인생에서 가장 의미 있는 시간이 되었다.

우리는 시간을 중요하게 생각한다. 얼마나 빨리, 얼마나 많이, 얼마나 남는가로 시간의 가성비를 따진다. 하지만 사랑은 효율과 가성비로 측정할 수 없다.

딱지 한 장을 위해 두 시간을 쓴 그날의 딱지는 지금 없다. 하지만 엄마와 두 시간 동안 함께 딱지를 접던 그 기억은 아이에게 소중하게 남아 있지 않을까.

사랑은 효율을 버리는 연습이다. 쓸모 있는 결과를 내기 위해 시간을 아끼는 것이 아니라 쓸모없어 보이는 일에 기꺼이 내 시간을 쏟아붓는 마음이다. 우리가 비효율을 감수하는 그 틈새에서 비로소 아이와의 관계는 깊어지고 단단해진다.

둘째를 키우며 알게 된 것

: 아이와 온전히 시간을 보내는 연습

서울에서 정말 오랜만에 고등학교 친구를 만났다. 삼십 대 중반에 결혼하고 아이 엄마가 된 친구는 사십 대 초반에 여섯 살 터울의 둘째를 낳았다. 친구는 남편에게 아이 둘을 맡기고 혼자 나온 게 도대체 얼마만의 일인지 감격하며, 이제 중학생, 초등학교 고학년인 아이를 키우는 나를 연신 부러워했다. 우리는 마흔 줄에 들어서 낳은 둘째와 삼십 대 때 고군분투했던 첫째 육아의 차이에 대해 이야기했다.

첫째는 칼같이 키웠고, 둘째는 뭐든 다 대충 키운다는 그런 얘기인데, 예를 들어 첫째 때는 이유식을 다 만들어 먹였는데 둘째 때는 다 사 먹이고, 첫째 때는 장난감도 다 소독했는데 둘째 때는 모래가 입에 묻어도 대충 털어 주고, 첫째 때는 어린이집에 시간 맞춰 보내고 운동하러 갔는데 둘째 때는 어린이집 결석이나 지각이 무척 잦아서 운동하러 갈 새가 없다는 식이다.

"아침에 둘째가 나 붙잡고 기차놀이 하자, 블록놀이 하자 맨날 그래. 또 해 주면 재밌대. 계속하자고. 어린이집이 가기 싫대. 그러다 보면 오전 시간이 그냥 다 가. 그럼 이제 큰애 하교 시간이 되거든? 얘가 또 형을 엄청 좋아해. 형한테 같이 가겠다고. 어차피 어린이집 보내도 좀 이따 낮잠 잘 텐데, 뭘 보내냐 싶은 거야. 그래서 그냥 유모차 끌고 학교 마중 가."

친구는 말을 이었다.

"내가 지금 만삭 때 몸무게잖아. 살 빼야 하는데, 첫째 때는 등원시키고 곧장 운동 갔는데 둘째 때는 그게 안 돼. 나이 들어서 애 키우니까 진짜 게을러져. 언제 살 빼냐? 지영이 너는 좋겠다. 애들 다 키워 놔서."

친구는 나이 들어 애를 키우니 게을러진다고 했지만, 나에게는 사랑이 많아진 친구가 보였다.

나이 들어 애 키우니 첫째 때보다 더 많이 사랑해 주고 있구나.

첫째 때보다 더 많이 서로 사랑하고 살고 있구나.

첫째 때만큼 살은 못 뺐을지언정 사랑이 늘었구나.

어린이집에 아이를 칼같이 보내 놓고서야 엄마는 비로소 자기 시간을 보낼 수 있다. 그조차 청소, 빨래, 설거지 같은 집안일에 밀려 커피 한 잔의 여유도 내기 힘들고, 운동을 한 시간이라도 하려면 서둘러야 하지만 그래도 내 시간이라고 할 만한 틈은 등원 후에 찾아온다. 그런데 그 시간을 기꺼이 아이에게 내어주는 걸 사랑이 아니고 설명할 길이 있을까?

어린이집을 거르고 엄마랑 노는 동안 아이에게는 어떤 기억이, 어떤 감각이 새겨질까? 어린이집에 안 가서 좋다는 감각만은 아닐 것이다. 엄마와 함께 웃는 기억, 엄마와 함께 노는 기억, 형을 마중 나가 반갑게 끌어안은 기억, 그 가운데 사랑을 배우지 않을까 생각한다.

'나는 엄마에게 중요한 사람이야. 엄마랑 같이 있는 시간이 좋아.'

이 얼마나 값진 배움인가?

우리 아들 녀석도 이맘때 나에게 같이 놀자 했다. 그런데 나는 공룡 놀이를 할 때면 잠시 놀아 주다가도 "이제 그만. 공룡 멸종했어."라는 멘트로 노는 재미에 찬물을 끼얹는가 하면, "엄마는 할 일이 많아."라고 건성으로 대꾸하면서 놀아 주는 시늉만 하기도 했다. 나는 둘째가 서너 살 무렵일 때 정말 여유가 없었다.

학습적인 부분에 있어서 신경 써 주지 못한 건 그나마 괜찮다. 크게 후회가 없다. 하지만 그 시절 여유를 가지고 아이와 시간을 함께해 주지 못했던 건 무척이나 아쉽다. 무엇이 그리 바빠 온전히 시간을 보낼 여유조차 없었을까.

친구는 일찍 아이를 낳아 다 키워 놓은 나를 부럽다 했지만, 나는 친구가 몹시 부럽다. 나에게는 이미 지나가 버린 시기, 세 살 아이에게 함께하는 일상을 새겨 주는, 사랑을 주고받는 친구가 부럽다. 이보다 값진 가르침은 없을 테니까.

아이는 무엇보다 사랑을 배워야 한다. 국영수는 배울 곳도, 가르쳐 주는 사람도 많다. 하지만 사랑은 배울 곳이 없다. 가정에서, 부모가 함께 시간을 내어 가르쳐야 한다. 가장 느리고, 가장 비효율적인 방식으로.

딸의 존댓말 카톡의 의미는?

: 손해를 감수하는 연습

남편의 휴대폰에 딸아이의 메시지가 떴다.

"아부지. 오늘 끝나고 친구들이랑 마라탕 먹으러 가려는데 만 원만 보내 주실 수 있으실까요? 토스 계좌 여기 있습니다."

중학생 딸은 아빠에게 카톡을 아주 가끔 보낸다. 그것도 이렇게 존댓말로 메시지를 보낼 때는 늘 용돈이 필요할 때다. 존댓말 카톡은 오로지 돈 달라고 할 때뿐이다.

그런데 남편은 그때마다 꼭 돈을 더 보낸다. 딸이 이미 내 카드를 가지고 있다는 걸 알면서도, 만 원을 달라 하면 이만 원, 이만 원을 달라 하면 삼만 원을 주는 식.

"걔한테 내 카드 있잖아. 엄카 쓰면서 아빠한테 또 달라고 하는 거야. 만 원만 주지 뭘 더 줘?"

남편은 그냥 웃는다. 딸에게 약한 그야말로 딸바보 아빠다. 남

편이 아이들에게 뭐든 더 해 주고 싶어 한다는 걸 나는 잘 알고
있다.

어쩜 이렇게 부모는 손해 보는 짓만 할까. 부모와 자식 사이에
는 기브 앤 테이크가 없다. 시간을 쓰고, 돈을 쓰고, 정성을 쏟아
붓지만 돌아오는 건 당장 눈에 보이지 않는다. 결과로 환산할 수
있는 보상도 없다. 그런데도 더 해 주고 싶은 게 부모의 마음이
아닐까?

생각해 보면, 손해를 보아야 사랑하고 살 수 있는 것 같다. 돈
이든 시간이든 손에 꼭 쥐고 있으면 손해는 피할 수 있을진 몰라
도 사랑하며 살기는 어렵지 않을까? 사랑은 결국 손해를 감수하
는 일이다.

세상은 자꾸만 효율을 말한다. 적은 시간에 더 큰 결과를 내
고, 최소의 노력으로 최대의 효과를 내라고 한다. 하지만 사랑
은 그 반대편에 있다. 계산하지 않고, 기꺼이 돌아가는 길을 택한
다. 그 돌아감 속에 따뜻함이 있고, 그 손해 속에 기쁨이 있다.

우리 아이들이 손해 보지 않는 법을 배우기보다 기꺼이 손해를 선택할 줄 아는 넉넉한 어른으로 자라면 좋겠다. 효율로는 닿을 수 없는 사랑의 깊이는, 기꺼이 돌아가고 기꺼이 손해 보는 그 마음속에서만 만날 수 있기 때문이다.

사랑은 계산하지 않고,
기꺼이 돌아가는 길을 택한다.
그 돌아감 속에 따뜻함이 있고,
그 손해 속에 기쁨이 있다.

칠순 엄마의 라이딩

: 시간을 내어주는 연습

제주에 사는 나는 한 번씩 서울에 갈 때면 강의를 몰아서 하고 온다. 어제는 서울, 오늘은 인천, 내일은 대전…… 이런 식으로 다양한 지역을 다닌다. 배차 간격도 일정하고 변수도 적은 지하철이나 KTX로 다니는 게 제일 편하다. 지하철이 닿긴 하지만 역에서 강연장까지 멀어서 택시나 버스를 타야 하는 곳이나, 출근 시간과 겹쳐 혼잡함이 예상될 때는 고민을 한다. 택시가 안 잡힐 수도 있고, 그 외에도 여러 상황이 생길 수도 있으니까. 그때마다 엄마는 이렇게 말한다.

"엄마가 데려다줄게."

엄마가 베스트 드라이버라는 것쯤이야 나도 잘 알고 있다. 학창 시절 엄마는 나를 학교로, 학원으로, 독서실로 실어 날랐다. 하지만 어느덧 엄마는 칠십이 넘었고, 눈도 귀도 전보다 어두워졌다. 나는 엄마가 운전하는 게 영 불안하다.

내가 엄마 차로 운전하며 다니는 게 제일 좋은데, 나는 지금도 운전이 무섭고 서툴러서 차 없는 제주도에서 애들 데려다줄 때만 겨우 하는지라 차 많은 서울에서의 운전은 꿈도 못 꾼다.

데려다주겠다는 엄마와 괜찮다는 나 사이의 핑퐁이 오가는 가운데 결국 엄마의 승으로 끝날 때가 대부분이다.

한번은 강연장이 차로 2시간인 곳이었는데, 엄마가 나를 데려다주고, 내가 강연을 하는 동안에는 강연장 앞 커피숍에서 나를 기다리고, 내가 끝나면 다시 나를 싣고 오시겠다고 했다.

"뭔 소리야? 뭘 그렇게까지 해. 내가 그냥 택시 타고 간다니까. 지하철 타고 또 택시 타고 그럼 돼. 엄마가 운전만 하는 게 아니라 나를 기다려야 하잖아. 그것도 두 시간이나."

"내가 뭐 할 일이 있어. 남는 게 시간이야. 내가 집에서 유튜브 보나, 너 기다리면서 유튜브 보나 나는 똑같아."

그렇게 엄마는 내 시간과 에너지를 아껴 주었다. 나를 데려다주는 2시간, 기다리는 2시간, 데리고 오는 2시간까지 총 6시간. 자신의 하루를 온전히 나를 위해 쓰면서도 바쁜 딸의 시간을 벌어 준 걸 기뻐했다.

엄마는 할 일이 없다고, 남는 게 시간이라고 했지만, 엄마가 매일같이 운동을 다니고, 주일에는 교회, 평일에 두 번은 교회 성가대 연습과 구역 모임, 한 달에 한두 번은 (날씨 좋은 계절에는 더 자주) 친구들과 여행 다니느라 바쁘다는 걸 알고 있다. 내가 올 때마다 그 모든 일정을 미루고 나의 모든 스케줄에 엄마의 시간을 맞춘다는 것까지도.

내가 모시고 다녀야 할 나이인데, 일흔이 넘은 엄마가 여전히 나를 데려다준다. 나는 차멀미를 하는지라 버스나 택시는 웬만하면 타지 않는다. 그런데 엄마가 운전하는 차에서는 멀미가 난 적이 한 번도 없다. 어려서도 그랬고 지금도 그렇다. 어디 그뿐인가. 일흔 넘은 엄마는 여전히 나를 위해 밥상을 차린다.

"너 잘 먹어야 해. 많이 먹어."

그래서 서울에 다녀오면 늘 살이 쪄 온다. 매일 같이 강의로 에너지를 쏟아붓고 오는데도 지치지 않는 건 다 엄마 덕분이다.

제주도에서 집으로 돌아오니 내가 밥을 하고, 아이들을 데려다준다. 엄마가 나에게 해 준 것과 똑같이 내가 아이들에게 한다. 그러고 보니 아이들에게 이렇게 하는 법을 어디서 따로 배운 적이 없다. 나는 요리도, 운전도 잘하지 못했다. 아이를 키우다 보니 자연스레 하게 된 줄 알았는데, 사실은 다 엄마에게 배운 것이었다. 엄마가 나에게 해 준 그대로 나도 내 아이에게 하고 있었다.

엄마에게 전화를 했다. 엄마 덕분에 일정을 잘 마치고 왔다고, 고맙다고 말하려고. 30분이나 통화를 했는데 그 말을 끝내 꺼내지 못했다. 그래도 엄마는 이미 다 알 거다. 내가 '고마워요.'라고 하지 않아도 엄마는 언제나 똑같이 나를 데리러와 줄 것이다.

내리사랑은 있어도 치사랑은 없다고들 한다. 사랑은 위에서 아래로 흐른다. 칠순 엄마가 오늘도 기꺼이 자신의 하루를 내어주듯 지금 우리가 아이에게 내어주는 시간 또한 언젠가 이 아이가 누군가에게 흘려보낼 사랑의 방식이 될 것이다. 부모가 감수하는 비효율은 사랑이 세대를 건너 전해지는 통로이니까.

서울 엄마는 일만 했는데,
제주도 엄마는 사랑을 줘

"아들, 제주도가 좋아? 서울이 좋아? 제주도에 계속 살고 싶어, 아니면 서울로 갈까?"

"당연히 나는 제주도가 좋지."

"왜?"

"서울 엄마는 일만 했는데, 제주도 엄마는 사랑을 줘."

그 한마디가 내 마음을 통째로 흔들었다.

그날로 오랫동안 미루던 고민에 마침표를 찍었다.

경력보다 관계를, 시간의 효율보다 느리지만 함께하는 시간을 택하기로.

다음 날 나는 사직서를 냈다.

사실 5년 전 일 년 살이를 시작할 때만 해도 내가 제주도에 정착하게 될 거라곤 전혀 예상하지 못했다. 사직하게 될 줄은 꿈에도 몰랐고.

제주로 오기 전까지 나는 초등학교 교사로 아이들을 가르쳤다. 늘 종종걸음으로 학교와 집을 오가며 분초를 쪼개 쓰는 바쁜 워킹맘이었다. 매일 해야 할 일을 미션 클리어하듯 버텨 냈다.

직업이 교사임에도 나는 엄마표 영어를 하거나 한글을 가르쳐 줄 여유조차 없었다. 아이 친구를 집으로 부르는 건 큰 결심이 필요한 일이었다. 그저 먹이고 재우는 일상만으로도 벅찼다.

큰아이는 그런 엄마에게 그럭저럭 적응하며 자랐지만, 둘째는 느렸다. 인지, 언어, 사회성, 모든 면에서 또래보다 더뎠다. 유아기엔 남자아이라 좀 늦으려니 하고 넘겼지만, 그 격차는 해마다 더 벌어졌다. 병원도 데려가 봤지만, 발달상의 문제는 없었다. 그래도 나는 불안했고, 결국 아들이 일곱 살 때 휴직을 냈다.

내가 휴직계를 낸 바로 다음 달 코로나로 전국의 학교가 셧다운 됐다. 3월 등교가 불투명하다는 뉴스가 나왔고 정말로 등교는 멈췄다. 나는 온종일 아들과 붙어 있으면서 교육적 자극을 주려 애썼다. 물건 챙기기, 글자 쓰기, 젓가락질 바르게 하기 등등. 하지만 돌이켜 보면 그것은 교육의 이름으로 포장된 지시와 교정의 시간이었다. 나는 아이를 위한 일이라 믿었지만 정작 아들에게 별 도움이 되지 않았다.

결국 아무것도 좋아지지 않은 채 우리 가족은 제주로 일 년 살이를 떠났다. 제주의 시골 학교는 코로나 속에서도 전일 등교가 가능하다는 뉴스를 보고 일주일 만에 짐을 쌌다. 아이들이 매일 학교만 가 줘도 그곳이 천국일 것만 같았다.

그렇게 제주에서 한 해, 두 해를 보내는 동안 아들은 조금씩 또래를 따라잡았고 나는 조금씩 안정을 찾았다. 일 년 살이는 이 년, 삼 년이 되었고 휴직은 사직으로 이어졌다.

사직은 쉬운 결정이 아니었다. 제주에서 살고 싶었지만, 다시 교단으로 돌아가고 싶은 마음도 여전했기 때문이다. 또 자녀교육 분야에서 작가로 활동하는 나에게 현직 교사라는 타이틀은 매력적인 조건이었다. 휴직 상태에서는 어딜 가건 "몇 년 차 교사입니다."라고 소개할 수 있었다. 또 20년이 넘으면 명예퇴직도 신청해 볼 수 있었으니 여러모로 나에게 유리했다. 하지만 이득을 붙잡으려 할수록 마음이 불편했다. 내 커리어를 위해 직장을 이용하는 것 같아서였다.

그해 10월, 나는 의원면직했다. 명예퇴직도, 휴직 연장도 아닌 완전히 내려놓는 선택이었다. 생산성의 기준으로 보면 가장 손해인 선택이었지만, 그 비효율적인 선택이 아이러니하게도 내 마음을 가장 평온하게 했다.

지난 5년을 돌아보면 겉보기에 내 삶은 분명 불안정해졌다. 안정적인 공무원 신분도, 교사라는 단단한 직함도 없으니까. 예전에는 강의에 나가면 교사라고 소개했지만, 지금은 "중학생 딸과 초등학생 아들을 키우는 엄마입니다."라고 말한다. 강사 소개서의 소속란도 한때는 경기도교육청이라고 적었지만, 이제는 공란으로 둔다. 정말 내가 어디에 속해 있는지 모르겠어서다.

그런데도 나는 그 어느 때보다 안정되고 행복하다. 직업적·경제적 불안정 속에서도 마음의 안정감은 오히려 더 커졌다는 사실 앞에서 나는 다시 묻게 된다.

사랑이란 무엇일까.

사실 나는 서울에서나, 제주도에서나 늘 아이를 사랑했다. 한순간도 사랑하지 않은 적이 없다. 다만 자리가 달라졌을 뿐이다.

아이의 윗자리에서 아이의 옆자리로. 옳음 디폴트에서 사랑 디폴트로. 삶의 중심이 옮겨졌다.

사랑은 자리이고 시선이고 시간이다.

흔들려도 매번 돌아오는 자리,

아이의 눈높이에 맞추는 시선,

함께 보내는 비효율의 시간.

아들이 제주도 엄마는 사랑을 준다고 한 이유는 사랑이 말이
아니라 자리와 시선, 시간으로 경험되었기 때문일 것이다.

Part 2
사랑을 가로막는
생각 내려놓기

아이를 사랑하지 않는 부모는 없다. 야단치면서도, 혼내면서도, 소리를 지르면서도 우리는 늘 아이가 잘되기만을 바란다. 사랑하기 때문에 더 조급해지고, 더 예민해진다.

문제는 사랑하는 마음이 없는 게 아니라 사랑을 가로막는 생각의 습관에 있다. 사랑하고 살고 싶지만 비교가 올라오고, 판단이 튀어나오고, 쌓아 둔 감정이 어느 날 폭발하는 일이 생긴다. 비교와 판단, 서운함을 쌓아 두는 순간 사랑은 흐르지 못하고 멈춘다.

이런 방식은 사실 우리에게 꽤 익숙하다. 우리는 언제든 다른 집 아이들과 우리 아이를 비교할 수 있다. 키, 성적, 태도, 예체능, 말투, 글씨, 사회성까지 눈에 보이는 건 뭐든 줄 세울 수 있다. 문제는 비교가 잦아질수록 아이도, 부모도 결핍을 학습하게 된다는 점이다. 비교의 시선을 멈추고 그냥 너라서 좋다고 말해 줄 수 있는 눈을 갖는 데에도 연습이 필요하다.

우리는 판단에도 익숙하다. "하나를 보면 열을 안다.", "이렇게 행동하는 걸 보니 아무 생각이 없는 거다." 하고 쉽게 단정해 버릴 때가 있다. 하지만 사람이라는 존재는 늘 불확실하다. 부모라 해도 아이의 마음과 생각, 욕구와 미래까지 다 알 수 없다. 내가 모른다는 전제 위에서 빈칸을 남겨 두고, 묻고, 대화하고, 함께 겪으며 채워 가는 것이 오히려 더 정확하다. 판단을 멈출 때 우리는 아이의 세계를 조금씩 알아 갈 수 있다.

좋지 않은 감정을 마음속에 쌓아 두는 것 역시 사랑을 가로막는다. 쌓아 둔 감정은 사라지지 않고 참다가 참다가 결국 터지고 만다.

"몇 번을 말해야 알아들어?"
"언제까지 이럴래?"

서운함과 속상함, 분노는 참는다고 쉬이 없어지지 않는다. 참기만 하는 건 집 안 곳곳에 작은 폭탄을 두는 것과 비슷하다. 그래서 쌓아 두기보다 제로로 돌아오는 연습이 필요하다. 비교를 전혀 하지 않고, 판단을 한 번도 하지 않고, 감정을 쌓지 않고 사는 사람은 없을 것이다. 중요한 건 알아차리는 태도다.

아, 내가 또 비교하고 있구나.
판단의 자리에 와 있구나.
쌓아 두고 있구나.

그렇게 멈추는 순간, 생각의 담이 허물어지고 그 자리에 다시 사랑이 흐를 수 있다.

비교하지 않는 연습

친구들 사이에서 유독
작아 보이던 아이

: 또래 아이와 비교하지 않는 연습

아들 녀석이 친구들을 데려왔다. 1학년 때는 하루걸러 하루씩 데려오더니, 2학년이 되자 일주일에 두 번으로 줄었고, 5학년이 된 지금은 한 달에 한 번쯤이다. 방과 후 수업과 학원 일정이 서로 맞지 않아서라고 했다.

요즘 데려오는 친구들은 어찌나 큰지. 넷이 현관으로 들어오는데, 나는 순간 우리 아들은 없는 줄 알았다. 덩치 큰 아이들 사이에 선 아들은 꼭 형들 틈에 낀 막냇동생 같았다.

"어서 와. 친구들."

"이모, 가방은 어디에 둬요?"

가방은 책상 옆 고리에 걸라고 숱하게 알려 줬음에도 아무 곳에나 던져 놓는 게 우리 집 아들인데, 남의 집 아들들은 가방 두는 자리가 어딘지 스스로 묻고 거기에 가방을 가지런히 세워 둔

다. 세상에, 이렇게 의젓할 수가!

오늘 메뉴는 치킨이랑 떡볶이. 야무지게 먹는다. 더 먹고 싶은 사람이 있냐고 묻자 얼른 손을 들고, 치킨도 살 하나 남기지 않고 발라 먹는다. 치킨 한 조각을 다 못 먹고 살을 덕지덕지 붙인 채 남긴 건 아들 녀석뿐. 떡볶이 국물을 뚝뚝 흘려 놓은 것도 이 녀석뿐이다.

아들 친구들이 온 지 겨우 30분 만에 나는 완전히 방전되어 침대에 누웠다. 아들이 친구들을 데려오면 피곤한데, 생각해 보면 이건 집을 치우고 간식해 주는 데서 오는 고단함만은 아닌 것 같다. 몸을 써서 지치는 게 아니라 마음을 많이 써서 지치는 것.

머릿속에서는 부등식을 끊이지 않고 세우고 있으니 지칠 수밖에. '저 친구들 > 우리 아들' 이런 식으로 키, 태도, 먹는 양과 행동 하나하나까지 쉴 새 없이 비교의 회로가 돌아가는 나에게 쉴 틈이란 없다. 아들 친구들이 나를 힘들게 하는 게 아니라 비교하는 내가 나를 힘들게 하는 거다.

비교는 해서 좋을 게 하나도 없다는 걸 알고 있다. 나는 30분간 아들 친구들의 체구부터 태도, 행동 하나하나까지 비교했는데, 그 비교를 통해 내가 얻은 건 아무것도 없다. 의젓한 친구들,

키 큰 친구들에 비해 작은 아들을 확인하고 나니 뒤처지는 것 같아 불안하기만 하다. 비교로 얻은 건 그저 불안뿐이다.

비교는 정말이지 병인 것 같다. 서울을 떠나 제주로 내려오면 고쳐질 줄 알았는데 그게 아니었나 보다. 그저 비교할 대상이 줄어든 환경에 있었을 뿐. 비교의 대상이 나타나면 내 안의 비교 회로는 언제든 다시 작동한다. 이쯤 되면 불치병이다.

그래도 전과 달라진 게 있다면, 비교에 머무는 시간이 확연히 줄었다는 점이다.

내가 또 비교하고 있네.

비교는 해서 좋을 게 없지.

아이마다 크는 속도가 다르지. 우리 애는 조금 늦는 편일 뿐이야.

이제는 비교를 알아차리고 거기서 멈춘다. 비교는 내가 있을 자리가 아니기 때문이다. 예전에는 비교에 끌려다녔다면, 이제는 비교를 알아차리고 거기에서 멀어지는 연습을 하고 있다. 여전히 비교라는 병을 안고 살지만, 그럭저럭 관리할 수는 있게 된 셈이다.

우리 삶에는 비교가 가득하다. 성적표, 키, 몸무게, 예체능, 외모, 직장과 연봉까지. 우리는 무의식중에 누가 더 크고(>), 누가 더 잘하는지(<)를 가르는 부등호를 그린다. 비교는 너무 익숙해서 문제로 인식조차 하지 못한 채 일상이 되곤 한다.

비교로는 누구도 행복할 수 없다. 남의 성적을 들은 날 괜히 마음이 무거워지고, 동료의 승진 소식을 축하하면서도 기운이 빠진다. 비교의 세계에서는 '이만하면 충분하다.'가 아닌 '이 정도로는 부족하다.'라는 결핍만 남는다.

문제는 이 비교의 감각이 육아에도 그대로 스며든다는 점이다.

"다른 애들에 비하면 넌 적게 하는 거야."

"이 나이에 이 정도면 중학교 가서 큰일 나."

"뒤처지면 안 돼."

"적어도 중간은 해야지."

이런 말들 뒤에는 언제나 비교로 인한 불안이 숨어 있다. 불안은 부모로서 자연스러운 감정이지만, 커지면 아이를 있는 그대로 바라보는 시선을 흐리게 만든다. 아이를 지키려는 마음이 오히려 아이를 다그치게 된다. 키 작고 덜 의젓해 보이는 아들을 향한 나의 조급함이 고스란히 아이에게 전해지는 것처럼 말이다.

그래서 나는 비교의 시선이 고개를 내밀 때마다 멈추는 연습을 한다. 그 연습 덕분에 비교의 힘은 예전보다 훨씬 약해졌고, 돌아오는 속도는 빨라졌다.

비교를 완전히 안 하고 살 수는 없다. 경쟁과 순위 속에서 사는 세상에서 비교는 피할 수 없는 숙명이다. 하지만 비교에 오래 생각을 두지 않는 건 가능하다. 비교하지 않는 엄마가 되기는 어렵지만, 비교에서 빨리 빠져나오는 엄마는 될 수 있다.

우위에도, 열위에도 서지 않는 연습. 부등호가 아니라 등호로 아이를 만나는 연습이 우리에겐 필요하다.

✦ 숙제가 많다고 하는 초 1

： 부등호(>)로 보면 ：

"다른 애들에 비하면 넌 적게 하는 거야."

"엄마도 네 나이 때 숙제가 많게 느껴졌어. 방학 숙제는 맨날 미뤘고. 이것도 다 과정이야."

♦ **공부를 마치고 게임을 한다는 약속을 어기고 몰래 게임 하는 초2**

"도대체 왜 이래? 왜 약속을 안 지켜? 엄마는 약속 안 지키는 사람 제일 싫어해. 나는 약속을 안 지킨 역사가 없어."

"엄마도 핸드폰 조절하는 게 쉽지 않아. 어려운 일이야. 엄마는 아예 인스타그램 앱을 지운 적도 있어. 연습이 필요한 거야."

◆ 글씨를 못 쓰는 초6

"이게 뭐야? 알아볼 수가 없잖아. 누가 초등학교 6학년이 이렇게 글씨를 써? 어떻게 네 동생보다도 글씨를 못 써?"

"다 어려운 게 한가지씩 있는데, 너에게 그게 글씨인가 보다. 엄마는 운전이거든. 남들은 시간 지나면 잘하는데 엄마는 운전한 지 10년인데 여전히 초보야. 그래서 매번 운전이 힘들어. 너도 글씨 쓰기 힘들지? 그래도 해야 하는 거니까 연습을 해 보자."

가르침이라는 명목으로 우리는 모르는 사이에 아이보다 우위에 서는 일이 잦다. 그 자리에 서면 비교는 자연스럽게 따라온다. 그럴 때 잠시 멈추고 등호의 자리에서 아이를 만나 보자.

사람과 사람은 등호로 만날 때 깊게 연결될 수 있다.

아들이 차려 준 밥상

: 일상의 소중함을 발견하는 연습

"우리 애 이번에 전국대회 상 받았어."

"이번에 ○○대학 갔어."

"우리 분양받은 아파트 이번에 입주했어."

모두 축하할 일이다. 열심히 살아 온 결실이니까.

그런데 결과를 자랑하는 말들 사이에 오래 머물고 있으면 마음 한쪽이 불편해진다.

결과에는 늘 숫자가 따라붙는다. 등수, 성적, 평수, 연봉, 수익률. 숫자는 비교를 너무 쉽게 하도록 만든다. 그래서 결과를 자랑하는 세상에서는 의도하지 않아도 늘 줄이 세워진다.

늦은 밤까지 강의를 듣고 있는데 아들이 방문을 두드렸다.

"엄마, 배고프지? 내가 엄마를 위해 준비한 치즈밥이야."

숟가락에는 밥풀이 덕지덕지 붙어 있었고, 반찬이라고는 간장과 치즈뿐이었다. 플레이팅이라고 할 것도 없는 투박한 밥상이었지만 그 순간 나는 세상을 다 얻은 것처럼 행복했다.

내가 받은 건 밥상이 아니라 사랑이었다. 밥의 형태를 한 사랑. 아들이 나에게 준 건 그런 거였다.

올해 생일에 아들이 사 준 수첩도 그렇다. 내가 여기저기 아무 송이에나 메모하는 걸 보고 고른 선물이었다. 수첩이 문구점에 여러 개 있었는데, 아들은 그중 제일 비싼 걸 골랐다고 했다. 7,000원. 아이에게는 적지 않은 돈이다. 자기 용돈을 모아 엄마에게 좋은 걸 해 줬다.

비교의 마음이 올라올 때면 이런 일상을 떠올린다. 그리고 다시 사랑의 자리로 돌아온다. 나는 여전히 비교를 하지만, 비교에 오래 머물지 않는 사람이 되어 가는 중이다.

비교는 늘 결과를 기준으로 한다. 키, 외모, 성적, 등수, 성과처럼 눈에 보이는 무언가가 있어야 가능하기 때문이다. 그래서 비교의 세계에서는 항상 결과를 만들어 내야 한다는 압박이 따라온다. 잘해야 하고, 이겨야 하고, 적어도 뒤처지지는 말아야 한다는 생각.

그렇게 달리다 보면 누구나 지친다. 힘들게 깃발을 꽂아도 그 자리에 오래 머물 수는 없다. 잠깐 숨을 고를 뿐 곧 다시 달려야 하니까.

가정만큼은 다른 경험을 할 수 있는 곳이면 좋겠다. 이기지 않아도 괜찮고, 잘하지 않아도 괜찮고, 눈에 보이는 결과가 없어도 괜찮다는 걸 몸으로 배우는 공간 말이다. 가정은 존재만으로 받아들여지는 경험을 하는 자리였으면 한다.

그곳에서는 결과만이 아닌 일상의 소중함을 자랑하고 살면 좋겠다.

"우리 아들 단원평가 100점 맞았어." 대신 "우리 아들이 장 보는데 짐을 들어 줬어. 언제 이렇게 컸나 싶어."

"우리 딸 이번에 학교장 상 받았어." 대신 "우리 딸이 동생 머리 감겨 줬어."

결과가 아닌 일상을 자랑하는 세상에서는 누가 더 잘났는지를 굳이 따지지 않아도 된다. 비교는 줄어들고, 마음은 조금 느슨해진다.

생각해 보면 잘 살고 있다는 느낌은 늘 조용하고 잔잔하게 전해져 온다. 아이와 함께 밥을 먹고, 별것 아닌 이야기로 웃음이 터지고, 하루의 끝에서 서로를 보며 "오늘도 수고했어."라고 말할 수 있는 날. 내세울 만한 결과도, 자랑할 만한 특별한 성취가 없음에도 마음이 편안해지는 하루. 그런 하루가 비교하지 않고 건강하게 지나 온 하루는 아닐까?

왜 그 질문은
부담스러웠을까?

: 결과가 아닌 과정에 관심을 기울이는 연습

일전에 지인의 친구와 셋이 식사를 한 적이 있다. 지인은 그 친구가 오랫동안 책을 내고 싶어 했다며 나를 꼭 소개하고 싶다고 했다. 함께 보자고 하길래 나간 식사 자리는 화기애애했지만, 나는 마음이 영 편치가 않았다. 끊이지 않는 질문에 대답하면 할수록 뭔가 기운이 빠지는 느낌이었다.

"베스트셀러 작가시고, 여기저기 강의도 하시고, 정말 부러워요!"

"인세는 얼마나 돼요? 강연료는 보통 어느 정도세요?"

그분은 나에게 궁금한 것이 많았다. 그런데 그 궁금함의 초점은 나라는 사람보다 내가 만들어 낸 결과물에 가 있었다. 내 안쪽으로 들어오는 느낌이 아니라 겉을 훑고 지나가는 느낌이랄까? 만약 지금 쓰는 책은 어떤 내용인지, 글을 쓴다는 건 나에게 어떤 의미인지, 계속 글을 쓰는 힘은 뭔지, 이런 걸 궁금해했다면 어땠을까? 그랬다면 마음 문이 활짝 열리고 좀 더 편안하게 대화를 이어 갈 수 있었을 것 같다.

생각해 보면 우리가 일상에서 느끼는 부담스러운 관심이란 것도 대부분 겉으로 보이는 결과에 주목한 경우가 많다.

웬 관심이야, 부담스럽게.

관심 좀 끄고 살자!

이 말이 튀어나오는 이유는 사실 관심이 많아서가 아니라 관심의 결이 불편해서다.

요즘은 서로에게 관심을 갖지 않는 것이 오히려 미덕으로 여겨진다. 선을 지키는 것, 프라이버시를 침범하지 않는 것을 예의로 생각한다. 하지만 원래 관심은 관계 맺기의 시작이다. 문제가 되는 것은 관심 그 자체가 아니라 관심의 방향이다.

관심에는 크게 두 갈래가 있다. 하나는 결과를 향한 관심, 다른 하나는 존재를 향한 관심이다.

◆ 시험을 치고 온 초 2

: 결과에 관심을 두면 :

- "시험 몇 점 받았어?"
- "너희 반에서 100점 몇 명이야?"

: 존재에 관심을 두면 :

- "시험 볼 때 많이 떨리진 않았어?"
- "100점 맞으니까 어떤 기분이 들어?"

◆ 반장 선거에서 떨어진 초 4

: 결과에 관심을 두면 :

- "몇 표 나왔어?"
- "몇 표 차이로 떨어졌어?"

결과에 관심을 두면 아이의 마음보다 결과에 더 주목하게 된다. 결과를 묻는 질문 앞에서 마음이 편해지기는 어렵다.

엄마가 아이에게 늘 "몇 점 맞았어?"만 묻는다면, 아이는 좋은 점수를 가져오는 날만, 백 점 맞은 날에만 엄마에게 말할 수 있는 아이가 된다. 그건 관계 맺기가 아니라 점수 보고와 다르지 않다.

반대로, 존재를 향한 관심은 질문 하나가 또 다른 질문으로 이어진다.

"오늘 가장 힘들었던 순간은 뭐였어?"

"그때 어떤 마음이 들었어?"

"요즘 너를 제일 웃게 하는 건 뭐야?"

이런 질문을 나누다 보면 대화가 끝없이 이어진다. 관계는 바로 이 대화의 흐름 속에서 단단해진다.

존재를 향한 관심은 부모와 아이 사이의 친밀함을 만들어 주는 통로다. 그렇다고 해서 보이는 것에 대한 관심이 모두 불편함을 주는 것은 아니다.

"머리 잘랐네? 예쁘다."

"귀걸이 못 보던 건데, 새로 샀어? 너랑 잘 어울린다."

이런 말은 전혀 불편하지 않다. 나를 유심히 바라봐 주지 않았다면 절대 할 수 없는 말이라는 게 와닿으니까.

결국 우리가 불편함을 느끼는 건 관심 자체가 아니라 결과만 좇는 시선, 그리고 곧바로 비교로 이어지는 관심에 있다. 결과에 대한 관심은 사람을 나눈다. 하지만 존재에 대한 관심은 사람을 잇는다. 점수와 스펙을 잠시 내려놓고 '너라서 좋다!'라는 메시지를 건네준다.

아이에게도, 어른에게도 필요한 건 사람을 향한 질문, 존재를 향한 관심이다. 사랑은 거창한 게 아니라 존재를 향한 조용한 관심에서 시작된다.

부등호 관계	등호 관계
끊임없는 비교, 판단	비교, 판단 없음
경쟁 관계, 실수하면 안 됨	인간적 관계, 실수해도 괜찮음
우열이 나뉨	동등하게 만남
성과, 결과 추구	과정, 의미 추구
결과, 성과, 성취를 자랑	일상, 사랑을 자랑
불편한 관심(조건에 관심)	고마운 관심(사람에 관심)

알림장 꼴찌를
태연히 말하는 내 아이

: 부족함을 끌어안는 연습

30대까지의 내 삶은 비교의 연속이었다. 뒤처지지 않기 위해 달렸고, 남에게 피해 주지 않기 위해 완벽해지려 애썼다. 어디에서든 괜찮은 사람으로 보이고 싶었다. 열심히 살면 잘사는 거라고 믿었고, 경쟁에서 뒤처지지 않는 것이 삶의 중요한 기준이었다.

서울에 살면서 교사로 일하던 시절에 나는 늘 바빴다. 수업과 행정 업무, 집필과 강의까지 하루가 숨 가쁘게 흘러갔다. 사람들은 나에게 스마트하고 일을 잘한다고 했고, 나도 내가 그렇다고 믿었다. 바쁘게, 열심히 사는 것이 잘사는 거라 믿어 의심치 않았다.

아이들이 커 갈수록 내 삶은 더 바빠졌고, 마음은 점점 메말라 갔다. 시간은 한정되어 있는데 해야 할 일은 갈수록 늘어나니 여유가 없었다. 그때부터였을까? 내 삶과 마음 사이에 아주 작은 균열이 생기기 시작했다. 또 주말에 강의를 나가면 이런 질문을 자주 받았다.

"우리 아이가 유튜브를 너무 봐요. 어떻게 해야 하죠?"

그 질문을 들을 때마다 같은 생각이 떠올랐다.

'지금 이 시간에 우리 아들도 유튜브 보고 있을 텐데……'

사람들 앞에서는 육아 고민에 답을 하고 솔루션을 건네면서, 정작 내 아이는 화면 속에 빠져 있는 장면이 떠올랐다. 전문가로시의 나와 엄마로시의 나 사이가 자꾸 이긋났다. 불일치와 부채감이 마음 한편에 차곡차곡 쌓여 갔다.

남의 아이 어떻게 키우라고 하기 전에 내 아이부터 제대로 키우고 싶었다.

나는 결국 책을 쓰고 강의를 하는 일을 모두 멈추고 제주도로 내려왔다. 그렇게 내려온 곳에서 나는 뜻밖의 선물을 받았다. 작은 학교, 느린 섬, 비교의 속도가 눈에 띄게 느린 곳. 그곳에서 아들의 속도는 여전히 그대로였지만, 아들을 둘러싼 비교의 소음은 확연히 줄어들었다.

이전의 나는 아들의 부족함을 늘 고쳐야 할 문제로만 바라보았다. 그런데 제주에서 몇 해를 보내는 동안 나는 부족함과 함께 살아가는 법을 조금씩 배우게 되었다.

아들은 여전히 느리다. 또래에 비해 뒤처지는 것도 많다. 알림장은 반에서 매일 늦게까지 쓴다. 하지만 그 모습을 바라보는 내 마음은 달라졌다. 예전에는 친구들을, 식구들을 기다리게 한다고 빨리하라고 재촉했다면, 지금은 느린 아들의 속도에 맞춰 나도 자연스레 걸음을 늦춘다. 등교 시간처럼 꼭 지켜야 할 약속은 지키게 하지만, 우리 가족이 함께 보내는 시간만큼은 조금 기다리더라도, 번거롭더라도 가능하면 같이 하려고 한다. 비교와 조급함 대신 함께 걸어갈 여유가 생긴 것 같다.

사랑이란 결국 옆에서 기다려 주는 온기라는 생각이 든다. 누군가를 사랑한다는 건 그 사람의 부족함을 결함으로 보지 않고 그 부족함과 함께 살아갈 수 있도록 내 마음의 크기를 키워 가는 일인지도 모르겠다.

원고를 쓰고 있는데 어느 날, 아들이 넌지시 묻는다.

"엄마, 이번 책도 내 얘기야?"

"그럼. 네 얘기가 많지."

그러자 아들이 의기양양한 표정으로 덧붙인다.

"누나 얘기는 1권인데, 내 얘기는 벌써 5권째잖아. 그러니까 엄마가 글 쓰는 건 다 나 덕분이지?"

아이의 부족함이 나를 재촉하던
시간을 지나, 나는 알게 되었다.
아이를 키우며 내가 자라고 있었다는 걸.

능청스러운 말에 웃음이 터지면서도 가슴 한구석이 찡하다. 맞는 말이다. 정말로 네 덕분이다. 아이의 부족함이 나를 채근하고 괴롭히던 시절을 지나, 이제 그 부족함이 내 책의 영감의 원천이자 삶의 깊이가 되었다.

행복과 만족은 성취와 성공으로 채워지지 않는다. 경쟁에서 이겼을 때, 비교의 우위에 섰을 때 느끼는 만족은 잠시일 뿐이다.

하지만 아이라는 존재를 있는 그대로 바라보고, 하루하루를 함께 살아가는 데서 오는 기쁨은 매번 새롭다. '남보다 낫기 때문'이 아니라, '너라서 좋고, 나라서 좋은' 데서 오는 만족은 쉽게 사라지지 않으니까.

이제는 조금 알 것 같다. 우리가 비교에서 벗어나야 하는 이유는 더 잘살기 위해서가 아니라 사랑하면서 살기 위해서라는 것을. 비교는 결과를 자랑하게 하지만, 사랑은 존재만으로 충분하기에 자랑거리가 필요치 않다는 걸 깨닫는다.

판단하지 않는 연습

아이 안의 가능성을 믿는다는 것

: 판단 대신 가능성의 눈으로 바라보는 연습

"엄마, 나 우울해서 빵을 샀어."

"우울한데 왜 빵을 사?"

딱 내 얘기다. 나는 MBTI를 하면 틀림없이 'T'가 나온다. 늘 객관적으로 바라보는 게 옳다고 믿으며 살아왔다. 아무리 자식이라도 뭐든 예쁘다고만 하면 안 된다고 생각했다. 잘한 건 칭찬하되, 잘못한 건 바로잡아야 한다고, 그게 아이를 반듯하게 키우는 길이라고 믿었다.

물론 아이에게 쓴소리를 해 주는 어른은 필요하고, 자식이라도 객관성을 잃지 않아야 하는 건 맞다. 하지만 객관성과 부족한 부분에 집중하는 건 다르다. 잘한 점보다 부족한 점에 주목하는 건 객관성이 아니라 냉정한 시선이다.

돌이켜 보면 내가 말하던 '객관성'은 종종 평균이라는 잣대였다. 또래 아이들 사이에 내 아이를 끼워 맞추고, 그 기준에서 벗어난 부분을 문제 삼는 방식이었다. 그 시선으로는 아이의 고유한 빛이 잘 보이지 않는다. 비교와 판단이 자연스럽게 따라온다.

반대로 사랑의 시선은 겉으로 보이지 않는 걸, 아직 드러나지 않은 가능성을 믿음으로 바라보는 시선이다. 조금 허술해 보여도, 지금은 부족해 보여도, 그 안에 자라고 있는 힘을 믿어 보는 시선이다. 나는 이 시선을 '사랑의 안경'이라고 부르고 싶다.

✦ 맨날 친구들이랑만 노는 초5

: **판단의 안경** :

공부는 안 하고 친구들과 어울리기만 한다. 모임 주도하고, 어디서 만나자 이끌고……. 지금 놀 때가 아닌데 놀기만 하니 속이 터진다.
"지금 놀 때가 아니야. 공부 좀 해!"

: 사랑의 안경 :

친구 사이에서 관계를 조율하고 분위기를 만드는 리더십이
자라고 있다. 사람을 모으고 주도하는 건 아무나 할 수 있는
일이 아니다. 이것도 성장의 한 과정이다.
"네가 친구들이랑 즐겁게 노는 건 보기 좋아. 다만 네 할 일
도 미루면 안 되겠지? 숙제 마치고 나가자."

◆ 아침마다 전쟁인 초6

: 판단의 안경 :

의지가 약하다. 게으르다. 이렇게 해서 중학생이 되면 어쩌나.
"너 중학교 가면 더 빨리 일어나야 해. 이렇게 게을러서 엄마
없이 어떻게 살래?"

> **: 사랑의 안경 :**
>
> 사춘기 전후에는 생리 리듬이 늦어진다. 아침이 힘든 건 의
> 지 부족이 아니라 몸의 리듬 때문이다. 그래도 결국 일어나서
> 하루를 시작하는 건 책임감의 징표다.
> "아침이 힘들지? 그래도 늦지 않으려고 애쓰는 거 엄마가 알
> 고 있어. 우리 전날 루틴을 조금 바꿔 보자. 그럼 훨씬 쉬워질
> 거야."

◆ 말대꾸가 심한 초 4

> **: 판단의 안경 :**
>
> 버릇없다. 어른에게 대든다.
> "무슨 말만 하면 '왜요?'야? 버릇없게."

판단의 안경	사랑의 안경
평가의 시선	보이지 않는 걸 보려는 시선
결과와 성과에 주목	가능성과 잠재력에 주목
도대체 왜 그래? 이해가 안 가	그럴 수 있지
긴장, 불안감을 줌	안정, 안전감을 줌

시선을 바꾸면 아이의 부족함보다 가능성이 먼저 보인다. 어제와 같은 실수를 해도 '그럴 수도 있지!' 하게 되고, 서툰 행동 속에서도 자라나는 힘을 볼 수 있다.

반대로 판단의 안경을 쓰면 아이가 흐릿해진다. 잘못이 눈에 먼저 들어오고, 고쳐야 할 점만 커진다. 그렇게 아이의 현재에만 시선을 고정하면 아이의 미래는 작게 보인다. 이성과 판단의 렌

즈는 아이를 교정하려 하지만, 믿음의 렌즈는 아이를 이해하려
한다.

아이를 있는 그대로 바라보는 건 쉽지 않다. 부족함을 고쳐 주
려는 마음, 현실적인 걱정이 늘 앞서기 때문이다. 그래서 연습이
필요하다.

결국 사랑의 안경은 아이를 바꾸는 도구가 아니라 나를 바꾸
는 렌즈다. 부족해도 괜찮다고, 느려도 괜찮다고 믿어 주는 한 사
람이 있을 때 아이는 자신을 믿는 법을 배워 간다.

아이가 도무지
이해가 안 갈 때

: 있는 모습 그대로 수용하는 연습

아들은 정말 키우기 어려웠다. 딸보다 10배쯤은 더. 손이 많이 가서 힘들었기도 하지만, 무엇보다 가장 어려웠던 건 매사에 도무지 이해가 가지 않는 행동이었다.

딸은 비교적 수월했다. 딸의 미숙함은 내가 알고 있는 이 나이 또래의 범주 안에 있었다. 신발을 혼자 못 신는 것도, 정리정돈이 안 되는 것도, 젓가락질이 서툰 것도, 글씨를 획순대로 쓰지 않는 것도. '그래, 이 나이면 그럴 수 있지!' 하고 넘길 수 있었다. 시간이 지나면 나아질 거라는 믿음도 있었다. 그리고 실제로 그 시기가 지나며 조금씩 좋아졌다. 그래서 기다릴 수 있었다.

아들은 달랐다. 해가 지나도 '이제는 되겠지.' 싶은 지점에 좀처럼 도달하지 못했다.

어떻게 아직도 젓가락질이 안 되지?

어떻게 여전히 글씨를 못 알아보게 써?

이 물음표들은 하루에도 몇 번씩 튀어나왔고, 해가 지나도 줄어들지 않았다.

나는 아들이 정말로 이해가 안 갔다.

제주도로 내려와 살며 나는 조금씩 아이를 '고쳐야 할 대상'이 아니라 '같이 살아가는 존재'로 보기 시작했다. 아들을 이해하려 애쓰는 대신 인정하고 수용하는 걸 천천히 배워 갔다.

"글씨를 왜 이렇게 써?"라고 묻는 대신 우리 아이는 글씨 쓰기를 어려워한다는 사실을 그대로 받아들였다.

"젓가락을 왜 그렇게 잡아?"라고 따지기보다 젓가락질하는 방식이 나와 다르다는 걸 수용했다.

그제야 알게 되었다. 내가 그렇게 자주 내뱉던 이해가 안 간다는 말의 정체를. 그 말은 정말 아이를 이해해 보고 싶어서가 아니라 받아들이지 못해 밀어내는 말이었다. 아이의 문제라기보다 내가 받아들이지 못한 데서 나온 판단이었던 것이다.

수학 문제를 풀 때 이해가 안 간다는 건 중요한 사인이다. 개념을 다시 찾아보고, 원리를 다시 들여다봐야 한다는 신호다. 이해하지 못한 채 적용으로 넘어가면 문제가 풀리지 않으니까. 수학, 과학, 사회 등 지식을 배우는 데는 이해가 반드시 선행되어야한다.

그런데 아이를 키우며 이해가 안 가는 순간은 조금 다르다. 아이의 행동은 공식처럼 설명되지 않는다. 원리나 정답을 찾아낼수도 없다. 아이를 꼭 이해해야만 하는 건 아니다.

사랑은 암묵지다

지식에는 두 가지가 있다. 말로 설명할 수 있는 명시지와 몸으로 익혀지는 암묵지.

수학 공식이나 지식 등은 명시지다. 설명을 이해하고 적용을해 봐야 내 것이 된다. 반면 피아노 연주, 자전거 타기, 수영하기는 암묵지다. 아무리 설명을 들어도 몸으로 부딪쳐 보지 않으면익혀지지 않는다.

사랑은 지식이나 정보가 아니다. 설명으로 배우는 과목이 아니라 관계 속에서 겪고 부딪히며 몸에 새겨지는 암묵지다.

명시적 지식에서는 이해가 먼저지만, 암묵지는 다르다. 자전거의 원리를 몰라도 페달을 밟다 보면 몸이 균형을 기억한다. 백마디 설명보다 한 번의 넘어짐이 더 큰 배움이 된다.

우리는 종종 사랑이라는 암묵지를 명시지처럼 다룬다. 이해가 가야 받아들이고, 내 논리에 납득되는 만큼만 허용하려 한다. 그러다 이해가 가지 않는 순간이 오면 이렇게 말한다.

"도대체 왜 그래?"

"나는 네가 도무지 이해가 안 가."

사람을 이해해야지만 사랑할 수 있는 건 아니다. 이해가 안 가도 우리는 서로 사랑하고 살 수 있다. 자전거의 원리를 몰라도 자전거를 탈 수 있는 것처럼.

부모가 서 있어야 할 자리는 '이해 안 간다.'라는 판단의 자리가 아니라 '그럴 수 있다.'라는 수용의 자리다. 이해가 안 가는 아이를 이해가 가도록 바꾸는 게 아니라, 이해가 안 가는 아이조차 넉넉히 품을 수 있도록 부모 마음의 크기를 키우는 것. 아이를 있는 모습 그대로 받아들일 때 아이는 부모의 품 안에서 사랑을 경험으로 배운다.

명시지	암묵지
수학 공식, 지식, 원리	자전거 타기, 수영, 사랑
이해가 선행되어야 함	이해를 못 해도 배울 수 있음
머리로 익힘(개념화)	몸으로 익힘(체화)
설명으로 배움	경험으로 배움

너 대충 풀었지?

: 내가 옳다고 자만하지 않는 연습

수요일 저녁은 늘 분주하다. 정기모임이 있어 가기 전에 아이들 저녁도 해 줘야 하고 숙제도 챙겨야 하니까.

"엄마 다녀올게. 이거 풀고 있어. 엄마 갔다 와서 채점할 테니까 다 풀어 놓는 거야."

다녀와서 채점을 하는데 한숨이 절로 나왔다. 맞힌 문제보다 틀린 게 훨씬 많았다. 한 장은 두 문제 빼고 전부 틀렸다. 딱 봐도 대충 푼 티가 역력했다.

"이게 뭐야, 아들. 이러면 안 돼. 집중해서 풀어야지. 대충 푼 거잖아. 집중했으면 이렇게 틀릴 수가 없어!"

그런데 아이와 함께 한 문제, 두 문제 고쳐 가는 동안 나는 멈칫했다.

어? 이건 좀 헷갈리는데?

"아이고 애썼네!
혼자 어려운 문제
푸느라 고생했어."

답지를 보고서야 겨우 풀었는데 그다음 문제도 마찬가지였다. 어? 이것도 꽤 어렵네……?

나조차 곧장 답을 못 찾겠는 어려운 문제들이었다. 자세히 살펴보니 아이가 혼자 푼 세 장은 전부 응용문제가 몰려 있는 부분이었다. 그제야 혼자 이 문제들을 붙잡고 끙끙댔을 모습이 눈앞에 그려졌다.

"아이고 우리 아들, 애썼네. 혼자 어려운 문제 푸느라 고생했어."

그 말에 아들은 눈시울을 붉히며 훌쩍였다.

같은 상황인데, 시선이 달라졌다. 보이는 것만 보면 "대충 풀었지?"가 되지만, 보이지 않는 것을 보면 "혼자 어려운 문제를 붙잡고 있었구나!"가 된다.

보이는 걸 보는 데는 특별한 노력이 필요하지 않다. 틀린 답, 엉망인 글씨, 어질러진 방, 불만스러운 표정은 안 보려고 해도 눈앞에 선명하다. 하지만 그 이면에 있는 마음은 쉽게 보이지 않는다.

'어려웠겠다. 혼자 해 보려고 애썼네.'

이런 마음은 들여다보려고 해야지만 보인다.

우리가 아이를 판단하게 되는 이유 중 하나는 보이는 것만 보고도 다 안다고 여기기 때문이다.

내가 다 알아. 내가 맞아. 내가 옳아!

높아진 마음이야말로 보이지 않는 걸 보는 데 가장 큰 장해물이 된다.

판단에서 멀어지는 데에는 연습이 필요하다. 오늘도 아이를 보며 "이게 뭐야?"가 먼저 튀어나왔다면, 그 순간 알아차리면 된다. '내가 보이는 것만 봤구나. 판단의 눈으로만 봤구나.' 그런 뒤 조용히 사랑의 안경을 써 보자.

새벽 두 시의 호출

: 아이 얼굴 뒤의 숨은 마음을 읽는 연습

기쁨이가 중 1 때 공부를 정말 안 했다. 내가 이렇게 말하면 딸아이는 펄쩍 뛰겠지만, 그때 내 눈에는 공부하는 척을 하고 열심히 한다고 말만 할 뿐 집중해서 공부다운 공부를 하는 것 같지 않았다. 젤리랑 음료수를 옆에 두고 먹고 마시면서 하는 자세나, 중간중간 휴대폰을 만지는 모습을 보면 나는 속으로 중얼거렸다.

저게 뭔 공부? 공부 코스프레지…….

특히 중 1 첫 시험에는 그 정도가 유독 심했다. 시험 보고 오더니 망쳤다고 속상해하면서 "엄마, 괜히 세 개를 고쳐서 틀렸어. 안 고쳤으면 다 맞았을 텐데……."라며 억울해했다.

나는 솔직히 이해가 가지 않았다. 누가 고치라고 한 게 아니라 본인이 고친 거 아닌가. 헷갈렸다는 건 확신이 없었다는 거고 그 말은 공부를 제대로 안 했다는 증거다.

마음속에서는 그렇게 말하고 싶었지만 입 밖으로는 다르게 말했다.

"그래도 좋은 경험 했네. 다음에는 고칠 때 좀 더 신중하게 해. 공부를 좀 더 확실하게 해 두면 고칠까 말까 헷갈리는 문제도 줄어들 거야."

딸은 시험을 망쳤다고 하면서도 다음 날 시험 준비에 통 집중을 하지 못했다. 오히려 내가 일하는 걸 방해하며 끊임없이 말을 걸었다.

"엄마, 클래스 몇 명 모집됐어?"

"엄마, 지금 누구랑 통화해?"

나는 속으로 수십 번 참았다. 내일이 시험인데, 시간도 참 많다. 저렇게 여유로울 수가 있나…….

계속 보고 있으면 더 화가 날 것 같아서 일부러 일찍 누웠다.

"기쁨아, 엄마 먼저 잘게. 너도 12시 전에는 자. 그래야 내일 컨디션 유지하지."

그렇게 잠이 들은 찰나, 갑자기 딸아이가 나를 흔들어 깨웠다.

"엄마…… 나 너무 걱정돼. 긴장돼서 잠이 안 와. 눈을 감으면 시험 생각만 나. 내가 공부를 제대로 안 한 것 같아……."

시계를 보니 새벽 2시 10분. 얼굴에 불안한 표정이 역력했다. 잘하고 싶은 마음과 준비가 덜 됐다는 자책이 뒤섞여 있는 얼굴이었다.

"기쁨아, 시험은 점수를 매기는 평가이기도 하지만 긴장을 다루는 연습이기도 해. 지금 이 불안을 어떻게 다루는지 배우면 나중에 더 큰 시험에서도 네 실력을 잘 발휘할 수 있을 거야."

나는 숫자를 세며 딸에게 천천히 심호흡을 하라고 했다. 숨을 들이쉬고, 길게 내쉬고. 그렇게 몇 번을 반복했을까. 딸아이는 어느새 골아떨어졌고, 나는 잠에서 완전히 깨어 버렸다.

뜬눈으로 밤을 지새우며 생각했다. 새벽 두 시에 자는 나를 깨우는 것은 충분히 화가 날 만한 상황이었으니까.

"너 지금 몇 시인지 알아? 새벽에 잠 안 온다고 자는 엄마를 깨워? 그러게 미리 공부하지. 내가 공부하라고 했어, 안 했어?"

이렇게 다다다 쏘아 대도 전혀 이상하지 않은 상황이었다. 그런데도 좋게 말할 수 있었던 건 보이지 않는 마음을 볼 수 있었기 때문이다.

육아란 아이의 행동을 고치는 일이 아니라 그 이면의 아이의 마음을 읽는 연습이다. 행동만으로 판단하지 않고 이면의 숨은 마음을 볼 때 좋은 대화가 시작된다.

숫자 앞에 무너진 엄마,
괜찮다고 하는 아들

: 숫자로 판단하지 않는 연습

어느 분주한 아침, 아들이 "다녀올게요." 하고 집을 나섰다. 문이 닫힌 뒤에야 나는 알았다. 책가방이 여전히 책상 옆에 있다는 걸.

나는 일부러 아무 행동도 하지 않았다. 매번 알려 줄 수도 없는 노릇이고, 계속 챙겨 줄 수도 없으니까. 아이가 스스로 알아차리기를 바랐다. 등굣길에 친구들 모두 책가방을 메고 있는 걸 보고 등이 허전한 걸 느끼고, 아차 하고 다시 집으로 돌아오기를 간절히 바랐다.

그런데 아이는 집으로 오지 않았다.

고민 끝에 담임 선생님께 연락을 드렸다.

"선생님, 태양이가 가방을 집에 두고 갔어요. 다시 와서 챙길 줄 알았는데 그냥 등교했네요. 제가 가져다주는 게 맞을지, 아니면 불편함을 감수하게 두는 게 맞을지 모르겠어서요."

잠시 후 전화기 너머로 아이 목소리가 들려왔다.

"태양이, 가방 어딨어요?"

"가방, 집에 있어요."

"……."

"오늘 가방 안 메고 갔어요?"

"네. 깜빡했어요. 근데 괜찮아요! 연필 빌렸어요."

연필을 빌렸으니 가방이 없어도 괜찮다고? 황당한 논리에 그만 웃음이 터졌다. 선생님은 아이에게 차분히 설명해 주시고, 나에게 가방을 가져다 달라고 하셨다.

그 일이 있고 얼마 지나지 않아 아들은 풀배터리검사를 받았다. 우산, 겉옷, 필통을 하도 잃어버리는 아이가 걱정되어 내린 결정이었다. 결과는 조용한 ADHD였다.

약물치료를 시작하자 물건을 잃어버리는 일은 눈에 띄게 줄었다. 대신 아이의 식욕이 없어졌다. 가뜩이나 입 짧은 아이가 돌을 씹는 것 같다며 밥을 거부할 때마다 내 마음도 같이 말라 갔다.

다음 해 치료 경과를 보기 위해 다시 검사를 받았다. 내심 점수가 올랐기를 기대했지만 결과는 예상 밖이었다. 주의력은 제자리였고, 웩슬러 지능검사 점수는 오히려 떨어졌다.

의사 선생님은 단순히 지능이 떨어졌다고 해석할 수는 없다고, 검사 당일 아이 컨디션이 좋지 않아 병원에 가자마자 토한 점, 또 치료 기간이 길지 않은 점을 볼 때 앞으로 꾸준히 치료하면 좋아질 여지가 많다고 하셨다. 하지만 낮아진 숫자 앞에 내 마음은 바람 빠진 풍선 마냥 쪼그라들어 버렸다.

2년 뒤에 또 점수가 내려가면 어떡하지?

그다음엔……?

숫자 하나에 불안이 꼬리에 꼬리를 물었다. 아직 오지도 않은 미래를 끌어와 파국적인 결말의 소설을 써 내려가는데 10분도 채 걸리지 않았다.

한창 막장 소설을 써 내려가던 그때, 아들에게서 전화가 왔다.

"엄마! 병원에서 뭐래? 나 이제 약 안 먹어도 된대?"

"아니, 먹어야 한대."

"왜? 나 아직도 ADHD래?"

"응."

"아, 그럼 약 더 먹으면 되겠네! 괜찮아."

아이는 필요한 정보만 남기고, 불필요한 생각은 하지 않았다.

엄마는 숫자에 의미를 덧붙이고, 미래를 예언하며 스스로 괴롭히는데, 아이는 단순했다. 결코 숫자에 연연해하지 않았다.

보이는 숫자에 휘둘리는 건 아들이 아닌 내 쪽이었다.

숫자는 지금의 상태를 보여 주는 스냅숏일 뿐인데, 나는 그걸 미래를 결정하는 예고편처럼 저장해 두고 반복해서 꺼내 보며 나 자신을 무너뜨리고 있었다.

"아, 그럼 약 더 먹으면 되겠네! 괜찮아."

나는 이날 아이에게서 큰 걸 배웠다.

생각 없이 사는 것도 문제지만, 생각을 너무 많이 하는 것도 독이 된다. 생각은 많아질수록 부정적인 방향으로 가지를 치는 습관이 있다. 숫자 하나가 걱정을 낳고, 그 걱정이 오지도 않은 불행한 미래를 현실로 불러들인다.

우리는 아이를 키우며 수많은 숫자를 마주한다. 키와 몸무게 백분위, 성적표의 등수, 각종 검사 결과들……. 이 숫자들은 현재 상태를 객관적으로 점검하는 유용한 도구임에 틀림이 없다. 하지만 숫자가 정보를 넘어 의미 부여를 하고 미래를 판단하는 건 경계해야 한다.

초등학교 받아쓰기 점수가 수능 성적을 말해 주지는 않는다. 성적과 등수가 아이의 발달을 전부 설명해 주지 않는 건 물론이다. 숫자는 일부를 보여 줄 뿐 아이의 정서적 성숙이나 관계를 맺는 힘, 회복력과 같은 중요한 부분은 담아내지 못한다.

숫자를 참고로 하되 판단의 근기로 두이시는 안 된다. 숫사로 모든 걸 판단하지 않는 연습이 필요하다. 숫자를 무시하자는 뜻이 아니라, 일부를 전부로 여기지 말자는 것이다.

아이의 성장은 현재진행형이다. 아이는 자라고 있고, 변하고 있고, 여전히 과정 한가운데 있다. 아이는 숫자로 요약될 수 있는 존재가 아니다. 숫자는 지금 아이의 부족함을 가리킬 수는 있어도 앞으로의 가능성까지 가둘 수는 없다. 꼬리에 꼬리를 무는 부정적인 생각과 판단을 멈추고 아이를 있는 모습 그대로 믿어 주는 것, 그것이 숫자 앞에 아이를 지켜 내는 단단하고 다정한 방식이다.

쌓아 두지 않는 연습

몇 번을 말해야 알아들어?

: 나쁜 감정을 제로로 만드는 연습

아들은 물건을 잘 잃어버린다. 거짓말 좀 보태면 1학년 때부터 지금까지 그간 잃어버린 학용품을 합치면 작은 문구점을 차릴 수 있을 정도다. 연필과 지우개는 하도 자주 사라져서 아예 박스로 쟁여 두고 없어지면 리필해 줬다.

"이게 몇 번째야?"

그 시절 이 말을 달고 살았다.

물론 처음부터 이렇게 말한 건 아니다. 몇 번은 봐줬고, 몇 번은 못 본 척 넘겼다. 어떤 건 잃어버리는 횟수가 수십 번을 넘기기도 했다. 그래도 안 되니 속이 부글부글 끓었고, 그걸 꾹 참다 보니 급기야 어느 날 터져 버렸다.

이젠 정말 한계야.

'언제까지 이럴 거야?'

'엄마가 언제까지 너 쫓아다니면서 너가 흘린 거 다 찾아다녀야 해?'

참는 데는 늘 임계점이 있다. 임계점을 간신히 넘어가지 않는 날도 있지만, 넘어서는 날도 있다. 어떤 날은 겨우 참고 넘어가지만, 어떤 날은 그 아슬아슬한 선을 넘어 버린다. 하지만 실상 그 차이는 아주 미세하다. 그날의 피로, 그날의 컨디션, 그날 마음의 여유. 그 작은 차이로 폭발하기도 하고 간신히 참아 내기도 한다.

참아도 또 터진다. 화는 참는다고 없어지지 않는다. 적게 참으면 작게 터지고, 많이 참으면 크게 터진다. 폭발의 세기는 참는 양과 시간에 비례한다.

참는 건 잠시 평화를 주는 듯 보이지만, 사실은 내 안에 폭발의 불씨를 저장하는 일이다. 쌓아 둔 게 많으면 작은 자극에도 터진다. 그러니까 오늘 아이의 행동 하나 때문에 화가 나는 게 아니라, 그동안 쌓인 감정이 오늘 폭발하는 것이다.

아이를 키우는 데는 인내심이 필요하지만, 참고 또 참으며 생

각 창고에 쌓아 두는 건 바람직하지 않다. 참아 내는 것만큼이나 쌓지 않는 연습이 필요하다. 한 번은 참고, 두 번은 봐주고, 세 번은 넘기고. 그 숫자를 세는 대신 매번 0으로 돌아가는 것이다. 이전 것은 다 흘려보내고 제로에서 다시 시작하는 연습 말이다.

물론 백지상태로 만드는 게 말처럼 쉽지는 않다. 한두 번은 이해할 수 있지만 같은 일이 반복되면 누구라도 짜증이 난다. 그건 너무 인간적인 일이다. 하지만 사랑하는 존재에게라면 할 수 있다. 특히 아직은 미숙하고, 배우는 중인 아이들에게는 봐주고 또 봐주고 또다시 처음으로 돌아가 줄 수 있다.

✦ 물건을 제자리에 두지 않는 초 4

> **: 쌓아 두면 :**
>
> "또 아무 데나 두지. 물건 쓰고 제자리에 놓으라고 몇 번을 말해? 왜 맨날 이래? 엄마 힘든 거 안 보여?"

: 제로로 초기화하면 :

"가위를 쓰려는데 제자리에 없어서 찾느라 애먹었어. 다음 부터는 제자리에 두자."

✦ 필통을 잃어버린 초 3

: 쌓아 두면 :

"이게 몇 번째야? 네가 몇 학년인데 또 필통을 통째로 잃어 버려? 엄마가 언제까지 너 뒤치다꺼리해야 해?"

: 제로로 초기화하면 :

"잃어버린 건 어쩔 수 없어. 그런데 필통이 없어진 줄도 몰랐 다는 건 문제야. 네 물건은 네가 잘 챙겨야 해."

✦ 먹는 걸로 다투는 초 2와 초 5

매번 처음처럼 대해 주는 것. 오늘의 실수를 어제의 실수와 연결하지 않는 것. 그렇게 하면 참을 일도, 폭발할 일도 없다. 감정이 쌓여 있지 않기 때문이다.

아들은 이제 5학년이다. 전처럼 자주 학용품을 잃어버리지는 않지만, 여전히 부주의한 행동은 많다. 그런데 이제는 예전처럼 화를 내지도, 화가 나지도 않는다. 그날의 일은 그날로 끝내고, 다음 날은 다시 새로운 마음으로 시작한다.

감정의 제로로 초기화하는 데도 연습이 필요하다. 참는 힘만이 아니라 쌓지 않는 힘, 늘 제로로 다시 세팅되는 연습. 그게 바로 관계를 지키는 기술이다.

말도 안 되는
소리 하지 마!

: 이전 것은 흘려보내고 오늘의 아이를 바라보는 연습

집 근처에 스터디 카페가 새로 생겼다. 딸이 친구와 가 보겠다고 했다.

"엄마, 오늘 가 보고 괜찮으면 나 한 달 정기권 끊을게."

그 말을 듣자마자 나는 반사적으로 쏘아붙였다.

"말도 안 되는 소리 하지 마. 너 텐투텐 때 어떻게 했어? 한 달 정기권은 무슨! 안 돼."

순간, 공기가 얼어붙었다.

지난 방학에 딸은 텐투텐 프로그램을 신청했다. 오전 10시부터 밤 10시까지 학원에 앉아 공부하는, 방학용 집중 학습 프로그램이었다. 열심히 해 보겠다 해서 등록해 줬다.

그런데 한 달 뒤 받은 피드백의 많은 곳에 이렇게 적혀 있었다.

- 인강을 듣다 유튜브로 넘어가는 모습이 보임.

- 꾸벅꾸벅 졸거나 엎드려 자는 모습이 보여서 휴게실에서 쉬
  게 함.

한두 번이 아니라 여러 날을 이렇게 지냈다니, 읽는 내내 마음
이 철렁 내려앉았다. 믿는 도끼에 발등 찍힌 느낌이랄까. 솔직히
아이에게 실망스러웠다. 그게 벌써 열 달도 넘은 일이다. 그런데
나는 열 달 전의 그 실망을 꺼내 오늘의 아이에게 다시 벌을 주고
있었다.

누구나 실망스러운 시절이 있다. 흑역사 한두 개쯤은 묻어 두
고 산다. 나도 그렇다. 예전엔 요리를 정말 못했다. 된장찌개 하나
끓이는 데 한참이 걸렸고, 맛도 없었다. 레시피에 적힌 양념이 하
나라도 없으면 굳이 사러 나갔다. 그렇게 끓였는데도 밍밍했다.

그런데 지금은 다르다. 이제는 웬만한 찌개, 국, 탕을 레시피
안 보고도 할 수 있다. 집에 있는 재료로도 뚝딱 먹을 만하게 만
든다. 아이들이 말한다.

"엄마는 백종원이야."

"엄마, 식당 차리자. 이거 팔자."

아이들은 예전의 내 실패를 기억하지 않는다. 전에는 못했는

데 이제 잘한다는 비교도 없다. 그저 지금의 엄마를 있는 모습 그대로 바라본다.

운전도 그랬다. 초보 운전 시절, 나는 정말 서툴렀다. 아이를 태운 채 접촉사고를 낸 적도 있다. 차가 긁히고, 수리비가 들고, 보험료가 올랐다. 그 이후로 꽤 오래도록 운전대를 잡을 때마다 잔뜩 주눅이 들었다. 그런데 아이들은 늘 괜찮다고 해 줬다.

"엄마, 괜찮아."

"천천히 가면 돼."

만약 아이들이 예전의 실수를 잊지 못하고 쌓아 뒀다면 어땠을까.

"엄마, 지난번 된장찌개 망했잖아. 또 할 거야? 하지 마. 그냥 사 먹어."

"또 사고 날까 봐 불안해서 엄마 차 못 타겠어. 엄마, 그냥 운전 하지 마. 택시 타자."

그랬다면 나는 아마 지금처럼 요리를 즐기지 못했을 것이다. 다시 운전대를 잡지 못했을 것이다.

누군가의 실수를 오래 기억하는 시선 앞에서는 그 누구도 다시 해 볼 용기를 얻기 쉽지 않다.

딸도 마찬가지일 거다. 텐투텐에서 집중하지 못했던 아이는 오늘의 아이가 아니다. 그건 벌써 열 달 전의 이야기다. 아이는 자란다. 미숙함을 지나 성장하는 중이다. 내가 요리의 시행착오를 거쳐 왔듯, 아이는 여러 실패 속에서 집중의 연습을 거쳐 가고 있다. 그래서 나는 다시 딸에게 말했다.

"기쁨아, 미안. 이전 방학 얘기를 왜 지금 꺼냈을까. 다 지난 일인데……. 엄마가 걱정돼서 그랬나 봐. 오늘 스터디 카페 어떤지 한번 가 봐. 네가 좋다고 하면 엄마도 생각해 볼게. 오늘 해 보고 와서 엄마랑 다시 이야기하자."

아이들은 감정을 매일 초기화한다. 어제의 나를 붙잡지 않고, 오늘의 나를 새롭게 맞이해 준다. 그게 아이들이 가진 감정 복원력, 그리고 사랑의 능력 같다.

아이는 엄마, 아빠의 실수를 기억하지 않고 항상 응원을 해 주고 있다. 그런데 부모는 축적된 데이터가 옳은 것처럼 아이를 몰아세울 때가 많다.

감정을 제로로 만드는 일이 어렵게 느껴진다면, 아이들이 먼저 우리를 어떻게 대했는지를 떠올려 보자. 엄마가 실수했을 때 아이들이 건넸던 그 말, "괜찮아." 그리고 따뜻한 표정을 꺼내는 거다. 그리고 아이가 우리에게 해 줬던 그 말을 그대로 우리가 아이에게 돌려주면 된다.

우리에겐 살면서 꺼내 볼 좋은 기억들이 필요하다. 그걸 추억이라 부른다. 아주 오래된 기억이지만, 떠올리면 힘이 나고 마음이 포근해진다.

그렇다면 안 좋은 기억은? 그건 흘려보내야 한다. 실망스럽고, 화가 나고, 억울한 기억을 굳이 나중에 다시 꺼내 곱씹을 필요는 없다. 특히 그 대상이 아이라면 더더욱 그렇다. 좋은 기억은 간직하고 안 좋은 기억은 흘려보내자. 이전 것은 흘려보내고 오늘의 아이를 오늘의 눈으로 바라보자. 그게 쌓아 두지 않고 아이를 크게 성장시키는 진정한 연습이다.

지난 일이 후회가 될 때

: 마음의 저울을 현재에 맞추는 연습

아이를 키우다 보면 시간의 덫에 자주 빠진다.

책은 안 읽고 게임만 좋아하고. 커서 뭐가 되려고 이러나.

좀 더 일찍 영어를 시켰어야 해. 너무 늦었어.

과거의 기억과 미래의 불안을 끌어와 오늘의 아이에게 덮어씌운다. 내가 코칭했던 한 엄마도 그랬다.

그의 아들은 초등학교 1학년 때 학교에 가기 싫다고 매일 울었다. 억지로 보내도 교실 문 앞에서 집에 가고 싶다고 주저앉아 울었고, 결국 엄마는 한 학기 내내 교실 앞에서 대기해야만 했다. 언제 연락이 올지 몰라 도서관 근처에서 기다리다 전화만 오면 뛰어갔다. 2학기가 되자 아이는 학교에 들어가긴 했지만, 엄마의 마음은 여전히 1학기에 머물러 있었다.

오늘 또 울면 어쩌지?

선생님이 부르면 바로 가야 하나?

그는 그렇게 하루하루를 긴장 속에서 보냈다. 아이가 2학년이 돼서도 휴대폰에 학교 번호가 뜨면 가슴이 철렁 내려앉는다고 했다. 하지만 안내장에 사인이 빠졌다거나, 학부모 동아리 관련 안내거나, 아이와 관련 없는 내용의 전화일 뿐이었다고.

아이는 2학년을 살고 있지만, 엄마의 마음은 여전히 1학년에 붙잡혀 있었다. 이미 끝난 불안이 현재의 평온을 지배하고 있었던 것이다.

나는 그분의 마음이 십분 이해됐다. 사랑하니까 걱정하는 것이고, 한 번 새겨진 불안은 쉽게 사라지지 않으니까.

하지만 그건 이미 지나간 일이다. 지금은 새로운 학년, 새로운 하루다. 그때의 일을 계속 꺼내 오면 과거의 그림자가 오늘의 빛을 가리고 만다. 그 엄마에게 내가 한 말은 단순했다.

"이제는 대기하지 말고 믿어 주세요. 잘 지내고 올 거라고 격려해 주세요."

"만약 데리러 와 달라고 하면 설득해 보세요. 그래도 안 되면, 그때 가면 돼요."

나 역시 비슷한 경험이 있다. 제주도로 내려와 육아 휴직을 하던 시절, 자주 이런 생각이 들었다.

갓난아기 때부터 휴직을 하고 내가 키웠다면 어땠을까?

그랬다면 지금 아들 녀석은 달라지지 않았을까?

그런 후회가 밀려오는 날이면 어김없이 잠이 오지 않았다.

사직 후 수입이 일정치 않은 프리랜서 작가로 살면서도 마찬가지다.

괜히 사직했나?

몇 년만 더 버텼으면 명예퇴직인데, 퇴직금도 많았을 텐데…….

이런 생각이 문득문득 찾아와 나를 괴롭혔다. 후회와 아쉬움이 없었던 건 아니다. 분명 있었지만, 거기에 오래 머물지 않으려고 했다. 후회한다고 달라지는 건 없었고, 사직을 하고서 배운 것도 많았으니까.

돌이켜 보면 그때의 선택이 나를 다른 길로 이끌지 않았나 싶다. 아이와 보내는 시간이 깊어졌고, 삶의 속도가 느려지며 새로운 문이 열린 셈이니까.

우리는 자주 시간을 거꾸로 산다. 과거의 후회 속에 머물거나, 미래의 걱정 속으로 앞질러 간다.

그때 그렇게만 하지 않았더라면…….

앞으로 또 그렇게 되면 어쩌지…….

사실 후회도 걱정도 다 나쁘지만은 않다. 과거의 후회는 현재를 더 잘 살게 하는 원동력이 되고, 미래의 불안은 대비와 성장을 가능하게 하니까. 문제는 그 감정에 붙잡혀 버리는 데 있다. 후회에 묶이면 현재를 못 살고, 불안에 갇히면 오늘을 잃어버리고 만다.

분명한 건 과거는 지나갔고, 아직 오지 않은 미래는 알 수 없다는 사실이다. 우리가 살 수 있는 시간은 오직 지금뿐인데, 우리는 자꾸 어제와 내일 사이에서 방향성을 잃고 현재의 마음을 놓치곤 한다.

체중계의 눈금이 '0'에 맞춰져야 정확한 몸무게를 잴 수 있는 것처럼 우리 마음의 저울도 현재에 세팅되어야 가장 오류가 적다. 어제의 후회도, 내일의 불안도 내려놓고 지금 여기에 마음의 저울을 세팅해야 한다. 그렇게 제로로 만들어야 우리는 가장 확실한 오늘을 살 수 있다. 삶의 방향은 지금에 세팅되어야 선명해진다.

어제의 나는 지나갔고, 내일의 나는 아직 없다. 그 사이에 있는 오늘이야말로 사랑을 느낄 수 있는 유일하고도 가장 확실한 시간이다.

엄마표 학습이 힘든
진짜 이유

: 매일같이 분노를 비워 내는 연습

육아를 하다 보면 이런 생각이 들 때가 있다.

내가 오늘 하루, 뭘 했지?

치워도 금세 어질러지는 집, 말해도 제자리인 아이, 돌려 말해도 다시 돌아오는 같은 대답. 육아는 눈에 보이는 성과가 잘 남지 않는다. 오늘 한 일이 내일로 이어진다는 느낌도 적다. 그래서 때로는 참 비생산적인 일처럼 느껴진다.

그런데 딱 하나, 가시적인 결과가 나오는 영역이 있다. 바로 아이의 학습이다. 낫 놓고 기역 자도 모르던 아이가 글자를 읽고, 계산을 어려워하던 아이가 조금씩 속도를 내고, 영어를 모르던 아이가 책을 읽기 시작할 때 엄마는 비로소 느낀다.

아, 내가 뭔가 한 게 있구나.

그래서 많은 엄마들이 엄마표 학습을 선택한다. 학원비도 아낄 수 있고, 아이 곁에 있어 안심도 되니 여러모로 이점이 많다. 특히 언어 노출이 중요한 시기에는 집에서 자연스럽게 접하는 영어 학습은 효과도 크다. 엄마표 학습이 가진 장점은 분명히 있다.

문제는 지속이다. 엄마표 학습은 이벤트가 아니라 장기 레이스다. 공부는 싫고 놀기만 좋다는 아이를 매일 책상으로 데려와야 하고, 약속된 분량 앞에서 "조금만 줄여 주면 안 돼?"라고 딜하는 아이와의 조율을 반복해야 한다. 10분이면 끝낼 분량을 두 시간 붙잡고 있다가 결국 울음과 한숨으로 하루를 마무리하는 날도 적지 않다. 어제의 실망을 오늘로 가져오지 않고, 어제의 분노를 오늘에 얹지 않은 채 매일 제로에서 시작하는 일을 매일같이 반복해야 하는 게 바로 엄마표 학습이다.

둘째는 일곱 살 때부터 내가 휴직한 뒤 결국 사직까지 하면서 지금껏 엄마표로 공부를 봐줄 수 있었지만, 큰아이는 그러지 못했다. 딸이 초등학교 저학년이던 시절, 나는 학교와 집을 오가며 바쁘게 워킹맘으로 살고 있었고 퇴근 후에는 이미 기진해 있었다. 그 상태에서 아이 공부를 매일 제로로 다시 시작한다는 일은 도무지 해낼 수 없는 일이었다. 그때 내게 엄마표 학습보다 먼저 필요했던 것은 버티는 힘이었는지도 모른다.

강연을 가면 이런 질문을 자주 듣는다.

"아이 집에서 공부 봐주는 게 너무 힘들어요. 그냥 학원에 보내야 할까요?"

엄마표 학습은 필수가 아니라 선택이라는 게 내 생각이다. 만약 공부를 시키려 할 때마다 아이와의 감정싸움이 계속된다면, 그게 줄어들지 않는다면, 그건 엄마의 인내심 문제가 아니라 구조의 문제다.

가정은 본질적으로 변수가 많은 공간이다. 집은 공부만을 위한 공간이 아니다. 막 책을 펼쳤는데 옆에서 동생이 울거나, 계속 말을 걸 수도 있고, 엄마가 식사 준비를 해야 하거나, 집안일이 밀려 있어서 옆에서 공부를 못 봐주는 상황도 있다. 집에서는 공부 시간과 생활 시간이 분리되지 않는다. 공부를 하다가도 생활이 끼어들고, 생활을 하다 다시 공부로 돌아와야 한다.

반면 학원은 공부라는 목적이 분명해서 변수가 비교적 적다. 정해진 시간에, 정해진 자리에서, 정해진 역할이 반복된다. 그 시간만큼은 공부 외의 일이 개입되지 않는다. 아이가 집중해야 할 대상도 단순해지고, 엄마가 매번 상황을 조정해야 할 이유도 줄어든다. 집에서 공부가 잘 안되는 건 엄마가 부족해서가 아니다. 생활의 공간에서 공부를 끌고 가야 하기 때문이다. 변수가 많은 공간에서 결과가 쌓이기를 기대하는 건 애초에 구조적으로 쉽지 않은 일이다.

집마다 상황과 형편은 다르다. 엄마표 학습이 잘 맞는 집도 있고, 외주가 더 현명한 집도 있다. 중요한 건 어쩌다 한 번이 아니라 몇 년간을 계속할 수 있느냐에 달려 있다.

집이라는 공간에 변수가 많다면, 돌봐야 할 둘째가 있다면 엄마표로 꾸준히 한결같이 지속한다는 건 어렵다. 공부 저항이 심해 하루 한 장을 두고 매일 전쟁을 치르고 있다면, 엄마의 목소리는 점점 커지고 아이의 눈물은 줄어들지 않는다면 학원이나 공부방에 맡기는 것도 충분히 좋은 선택이다.

공부는 외주를 줄 수 있다. 지식을 채워 줄 사람은 학교에도, 학원에도 있다. 엄마가 아니라도 대체 가능하다. 우리나라처럼 사교육의 선택지가 다양한 나라도 드물다. 아이의 성향과 가정의 상황에 맞춰 여러 선택을 할 수 있다.

선택 기준이 중요한데, 이동 거리나 학원비, 시설 같은 조건도 있겠지만, 나의 경우 여기에 두 가지를 눈여겨본다.

이 공간에 온기가 있는가?
이 선생님은 아이를 예뻐하는가?

학원에서 공부를 얼마나 시키나보다 학원과 선생님의 사랑 온도를 중요하게 여긴다. 특히 유아기나 초등 시기라면 더욱 그렇다. 이 시기 가르치는 스킬의 차이는 거의 없으니 아이를 바라보는 눈빛, 아이에게 건네는 말투가 훨씬 더 중요하다고 본다. 이 시기 아이들은 수학만을 배우지 않는다. 자신감도 배우고, 격려받는 경험도 배운다. 수영만 배우는 게 아니라 물속에서 두려움을 이겨 내는 법도 배운다. 같은 것을 배워도 사랑을 받으며 배우면 더 즐겁게, 더 오래 배울 수 있다. 이건 학원비 이상의 가치다.

엄마표 학습을 내려놓는 것은 교육의 포기가 아니라, 엄마만 할 수 있는 사랑이라는 고유 영역을 지키기 위한 위임이다. 지식은 외주를 줄 수 있지만, 아이를 무조건 수용하고 품어 주는 '엄마의 품'은 그 어떤 일타 강사도 대신할 수 없다.

세상에서 가장 위대한 일,
사랑 노동

연휴 내내 중 3인 첫째는 공부를 거의 하지 않았다. 생일날은 하루를 통으로 놀았고, 친구를 만난다고 또 하루가 갔고, 친척이 왔다고 또 하루가 흘렀다. 공부를 제쳐 둘 만한 이유는 늘 있었고, 결국 긴 연휴의 대부분을 놀며 보냈다.

솔직히 나는 걱정이 됐다. 중요한 시기니 공부에 힘써야 한다는 말도 했다. 도서관에 같이 가서 하루를 보내기도 했다. 하지만 지금이 어느 때인데 놀고만 있냐는 식으로 몰아세우지는 않았다. 핀잔을 주지도 않았다. 연휴 내내 집은 평화로웠고, 가족은 웃었다.

대신 내 안에서는 작은 전쟁이 계속되고 있었다. 불안이 웅성거렸고 조바심이 끓었다. 너 이러면 대학 못 간다는 말이 목까지

차올랐다가 다시 내려갔다. 감정을 삼키는 일은 고역이었고, 좋게 말해 주고 기다려 주는 일도 결코 쉽지 않았다.

사랑이란 무엇일까. 어떻게 사는 게 사랑하고 사는 삶일까.

사랑하면 형용사부터 떠오른다. 따뜻하다, 다정하다, 포근하다, 부드럽다. 그런데 아이를 키워 보니 그 형용사들은 사랑의 본질이라기보다 결과에 가깝다. 사랑은 그러한 따뜻함과 다정함을 느끼게 되기까지의 과정이다.

비교와 판단을 멈추는 일, 실망스러운 마음을 쌓아 두지 않는 일.

사랑의 본질은 부드러움이 아니라 버팀이다.

그러므로 사랑은 형용사가 아니라 동사다.

나는 이런 선택과 행동들을 '사랑 노동'이라고 부르고 싶다.

가정의 평화는 저절로 만들어지지 않는다. 보이지 않는 자리에서 부모가 감정을 다스리고 마음을 견디며 해내는 사랑 노동의 결과다.

우리는 흔히 사랑의 행위를 밥을 하고, 청소하고, 아이를 데려다주는 일로 생각한다. 물론 돌봄과 가사 노동 안에도 사랑은 있다. 하지만 그런 일들은 누군가에게 맡길 수도 있고, 대신할 수도 있다.

사랑 노동은 다르다. 아이를 비교하거나 판단하지 않고 존재로 받아들이는 일, 서운한 마음을 쌓아 두지 않고 오늘의 아이를 처음처럼 다시 바라보는 일은 오직 부모만이 할 수 있다.

엄마 노릇이 고단한 진짜 이유는 밥하고 빨래하는 돌봄 때문이 아니라, 바로 이 대체 불가능한 사랑 노동 때문이다.

고객의 감정에 시달리는 일을 우리는 감정 노동이라고 부른다. 부모 역시 비슷한 시달림을 겪는다. 하지만 부모의 일은 감정 노동이 아니라 사랑 노동이다. 감정 노동이 사랑하지 않는 사람의 미숙함을 참아 내는 일이라면, 사랑 노동은 사랑하는 아이의 미숙함을 품어 주는 일이다. 감정 노동의 대가는 월급이지만, 사랑 노동의 대가는 내 아이에게 사랑을 가르치는 일인 것이다.

이렇게도 생각해 본다. 아이를 키우며 사랑 노동의 고단함이 전혀 느껴지지 않는다면, 어쩌면 그 몫을 아이가 대신 짊어지고 있는 건 아닐까. 부모의 눈치를 보고, 감정을 살피고, 웃게 하려 애쓰는 아이. 투정하고 울고 실수해야 할 나이에 어른의 짐을 대신 지는 아이. 분명한 건 그 짐은 아이의 몫이 아니라 부모의 몫이라는 사실이다.

아이를 사랑을 아는 어른으로 키우고 싶다면, 부모가 먼저 사랑 노동자가 되어 주어야 한다. 사랑은 말로 가르칠 수 없다. 받아 본 만큼 흐르고, 곁에서 본 만큼 몸에 밴다.

오늘도 나는 사랑 노동자로 하루를 살아 내려고 노력한다. 아이는 오늘도 나를 실망시킬 수 있고, 공부를 안 할 수도 있다. 아이의 기준에서는 최선을 다한다고 해도, 내 기준에서는 부족해 보일 수도 있다. 그래도 내 기준으로 아이를 판단하거나 비교하지 않으려고 한다. 사랑의 자리에서 멀어지지 않으려 한다. 사랑 노동을 통해 언젠가 내 아이가 사랑을 배울 것을 믿기 때문이다.

시급으로 계산할 수도 없고, 외주를 줄 수도 없는 일. 그 일을 오늘도 묵묵히 해내고 있는 모든 엄마, 아빠에게 말하고 싶다.

감정을 다스리고, 비교와 판단에서 멀어져,
아이 곁에 머물며 사랑의 자리를 지키는 여러분은
지금 세상에서 가장 위대한 일을 하고 있습니다.

사랑을 삶으로
이어 가기

사랑의 자리는 저절로 만들어지지 않는다. 흔들려도 다시 돌아오고, 아이의 눈높이로 내려가고, 느리고 비효율적인 시간을 견디면서 조금씩 사랑의 토대가 만들어진다. 또 비교와 판단 같은 사랑을 가로막는 생각들을 멈추면서 사랑의 자리가 단단해진다.

지금부터는 그 자리에 선 부모가 어떻게 아이와의 관계를 만들어가야 하는지에 대해 이야기 해보려 한다.

옳음의 한계

우리는 아이를 키우며 자주 옳음에 기댄다. 아이에게 규칙을 가르치고, 기준을 세운다. 다 아이가 바르게 살기를 바라기 때문이다.

하지만 옳음이 관계의 중심이 될 때 문제가 생긴다. 옳음이 디폴트가 되면 사람은 쉽게 나뉜다. 규칙을 지키는 사람과 어기는 사람, 할일을 잘 해내는 사람과 미루는 사람으로. 아이가 규칙과 약속을 배우기까지는 시간이 걸린다. 그렇기에 그때까지 옳음이 기준이 되면 가족이라고 해도 하나로 서기 어렵다.

"왜 약속을 안 지켜?"

"네가 몇 살인데 이래?"

"이 정도는 해야 하는 거야."

부모 말은 틀린 데가 없다. 하지만 이런 말들이 반복될수록 부모와 아이 사이의 관계는 단단해지기보다 멀어진다. 옳은 말인데 마음은 닫히고, 사랑하는 데도 거리가 생긴다.

문제는 옳음이 바람직하고 타당하며 도덕적인 가치이기 때문에 비교나 판단처럼 내려놓아야 할 대상이라고 생각하기 어렵다는 점이다. 비교, 판단, 쌓아 두기는 누구나 나쁜 습관으로 받아들이기 때문에 내려놓으려고 하지만, 옳음은 좋은 가치라서 쉽게 내려놓지 못한다. 정당성이 충분하기 때문에 부모는 자꾸 옳음에서 아이를 바라본다. 그러는 사이 아이를 향한 사랑의 마음은 조금씩 밀려난다.

이제부터는 아이를 고치고 통제하려 하기보다 아이 곁에 서는 연습을 해 보려 한다. "우리는 한 팀이야."라는 메시지를 먼저 건네는 선택이다.

옳음이 아니라 사랑이 디폴트가 될 때 부모와 아이는 나뉘지 않는다. 맞고 틀린 둘이 아니라 같은 자리에 선 '우리'가 된다. 이 책의 3부는 그 '우리'가 되어 가는 이야기다.

나와 너를 너머
우리가 되는 연습

옳은 말이
사람을 밀어낼 때

: 함께 살아가는 연습

초등학교 교사로 근무하던 시절, 2학년 담임을 맡았을 때 모범적이고 모든 일에 FM인 학생이 한 명 있었다. 늘 반듯하고 성실한, 어디 하나 흠잡을 데 없는 아이였다. 너무 성숙해서 2학년이라기보다 작은 어른 같았다. 그런데 의외로 친구가 없었다. 처음에는 그 아이의 재능과 모범적인 모습이 친구들의 호감을 샀지만, 시간이 지날수록 아이들은 그 아이와 조금씩 거리를 두기 시작했다.

그 아이는 바르지 않은 것을 그냥 넘기지 못했다. 수업 시간에 친구가 활동지를 하지 않고 딴짓을 하면 "빨리해." 하고 재촉했고, 자세가 흐트러지면 "똑바로 앉아."라고 한소리를 했다. 물론 틀린 말은 아니다. 모두 옳은 말이었다. 하지만 시간이 지날수록 친구들은 그 아이의 옳음을 버거워했다.

옳음은 중요하고 또 필요하다. 법을 지키고, 약속을 지키고, 규칙을 지키고 살아야 한다. 하지만 옳음만 붙잡으면 사람과 사람은 연결될 수 없다.

옳음은 기준을 세우지만 그 기준을 사람에게 들이대는 순간 관계는 쉽게 위아래로 나뉜다. 말은 맞지만 마음은 멀어지는 것이다.

그렇다면 어떻게 해야 할까? 옳고 그름으로 나누지 말고 우리가 되면 된다. 우리로 말하면 옳고 그름을 가르치면서도 사람과 사람 사이의 선을 긋지 않을 수 있다.

"너는 틀렸어."가 아니라 "우리 같이 해 보자."

"너 때문에."가 아니라 "우리 다 함께."

주어가 '나'나 '너'가 아니라 '우리'로 바뀌는 순간 말의 방향이 바뀌고 관계의 온도가 달라진다. 지적이 아니라 제안이 되고, 평가자가 아니라 동행자가 된다.

✦ 가정

"콜라 마시고 컵을 책상 위에 두면 어떻게 해? 안에 음료수 굳잖아. 어지르는 사람 따로, 치우는 사람 따로지? 내가 이 집 청소부야?"

"우리 마신 컵은 개수대에 담가 놓기로 하자. 음료수 굳으면 잘 안 닦이니까, 건강과 위생을 위해서."

✦ 학교

"너 교과서 왜 안 폈어? 너 때문에 우리 모둠이 스티커 못 받잖아."

우리는 생각보다 자주 편을 나눈다. 어지르는 사람과 치우는 사람, 잘하는 아이와 못하는 아이로. 과연 그렇게 나눠서 무엇을 얻을 수 있을까. 내가 조금 더 낫다고 해서 관계가 좋아지지는 않는다. 누가 더 나은지 가르려 하지만 않아도 우리는 충분히 함께할 수 있다.

옳음만 있는 자리에서 사람을 진정으로 만나기는 어렵다. 동등한 위치, 함께하려는 자리에서 만남이 일어난다. 잘할 때 함께 기뻐하고, 넘어질 때는 곁에 설 때 관계가 이어지는 것이다. 아이의 성적이 좋지 않아도, 숙제를 미루고 규칙을 어겨도, 오늘도 말이 잘 통하지 않는 날이라도 관계의 방향은 크게 흔들리지 않는다. 그 경험 속에서 아이는 조금씩 배운다.

'나는 혼자가 아니다.'

'실수해도 나는 여전히 이 안에 있다.'

이런 태도를 유지하는 가정은 누가 옳은지를 따지는 공간이 아니라 부족해도 함께 보듬어 가는 우리의 자리가 된다.

우리로 말할 때 사람은 한편이 된다. 옳음이 질서를 만든다면 우리는 관계를 만든다. 옳고 그름을 넘어서 우리가 먼저 될 때 세상은 조금 더 따뜻해지지 않을까.

어제는 단짝이었는데
오늘은 절교래요

: 모호함을 견디는 연습

유아기에는 엄마가 세상의 전부이지만 자라면서 조금씩 엄마 곁을 떠나 세상으로 나간다. 친구에 관심이 생기고, 또래와 함께 놀고 싶어 한다.

문제는 그 과정이 늘 순조롭지 않다는 데 있다. 유아기에서 초등 저학년 시기까지는 다툼이 참 잦다. 어제까지만 해도 단짝이던 친구에게 조금만 서운해도 아이는 이렇게 말한다.

"넌 나쁜 애야."

"너랑 안 놀아."

아직은 관계의 불확실함을 견디는 힘이 약해서 그렇다. 사람은 원래 예측할 수 없는 존재다. 나와 잘 맞을 때는 분명하고 편안한 사람이었다가 의견이 다르거나 서운한 일이 생기면 그 사람은 금세 불편해지고 어떻게 관계를 맺어가야 할지 헷갈린다.

애 뭐야? 왜 이래?

아이 입장에서는 혼란스럽다. 그러나 사람의 불확실성에서 오는 불편함과 모호함을 견딜 수 있으면 이렇게 생각할 수 있다.

이 친구에게 내가 몰랐던 면이 있구나. 잘 맞는 부분도 있지만, 안 맞는 부분도 있네. 조금 더 지켜봐야겠다.

하지만 대부분 아이는 그 여유가 없다. 불편하고 예측이 안 되면 관계를 끊어 버리는 쪽으로 자신을 보호한다.

"너랑 안 놀아. 절교야."

어른이 되어도 크게 다르지 않다. 우리 역시 비슷한 패턴을 반복한다.

'왜 저래? 처음이니까 참자. 넘어가자.'

'또 저러네. 좀 이상한 사람인가 봐.'

'이제 확실해졌다. 이 사람, 선 넘었어.'

한 번은 참고 두 번은 봐주다가 세 번째에서 끊어 낸다.

나와 잘 맞는 사람만이 아니라 맞지 않는 사람과도 그럭저럭

지낼 수 있는 힘이 사회성이다. 사회성은 친구의 많고 적음을 뜻하지 않는다. 친구와 갈등이 생겼을 때 대화로 풀어 가고 화해하는 능력이을 말한다. 불편해도 관계를 완전히 끊어 버리지 않는, '안 맞아! 이제 아웃이야!'라고 단정하기 전에 한 번쯤 대화를 시도해 보는 유연성인 셈이다.

이 힘은 나이를 먹으면서 저절로 생기는 것이 아니라 관계 안에서 경험으로 길러진다. 가정은 사회성과 공동체 감각을 처음 배우는 장소이자 가장 오래 연습할 수 있는 공간이다. 가족이라도 하루에도 몇 번씩 '도대체 왜 저럴까?' 싶은 순간이 있다. 가족은 끊어 낼 수 없고 결코 끊기지도 않는다. 절대 관계가 끊어지지 않는다는 확신이 있기 때문에 마음이 상하는 일이 있을 때 참지만은 않고 애길 한다. 서운해하고, 토라지고, 소리 지르기도 하지만 그래도 또 같이 살아간다. 그 반복 속에서 우리는 아주 느리게 배운다.

사람은 누구나 불완전하고, 이해할 수 없고, 마음이 왔다 갔다 하지만 그래도 그럭저럭 함께 잘 살아갈 수 있다는 걸.

이런 경험이 쌓일수록 아이는 불편함이 생겨도 혼자 마음에 담아 두거나 곧장 끊어 내지 않을 수 있다.

아이에게 "절교야!"라는 말이 자주 나온다면 모호함을 견디는 힘이 약하기 때문일 수 있다. 이때 필요한 건 "싸우지 말고 사이 좋게 지내라!"라는 가르침이 아니라 곁에서 함께 고민해 주는 어른의 모습이다. 도움을 주는 사람이 있을 때 아이는 불확실함을 견디는 힘을 얻는다.

"그때 네가 제일 서운했던 순간은 언제였어?"

"다시 말할 수 있다면 뭐라고 하고 싶어?"

"다음엔 '안 놀아!' 대신 어떤 말을 해 볼 수 있을까?"

아이는 관계를 끊는 기술이 아니라 다시 연결해 보려는 작은 용기를 먼저 배워야 한다. 그리고 그 용기는 집 안에서, 매일 같이 부딪히고 풀어 보는 경험 속에서 조금씩 자란다.

사회성은 타인에게 맞추는 기술이 아니라, 맞지 않는 부분까지 포용하며 우리의 테두리를 넓혀 가는 마음의 근력이다. 매일 아침 다시 마주 앉는 가족의 밥상머리에서 아이는 오늘도 이 근력을 조금씩 키워 가고 있다. 관계를 끊어 내는 경직성에서 다시 이어 붙이는 유연성을 연습하는 곳, 그곳이 바로 가정이다.

몰래 휴대폰 하는 아이와
한편이 되는 법

: 아이와 한편이 되는 연습

우리 집은 거실을 작은 서재로 쓴다. 아들, 딸, 내 책상까지 세 개가 나란히 놓여 있다. 방에도 책상이 있지만, 아이들이 있을 때는 대체로 거실에 모여 앉아 각자 할 일을 한다. 어느 날 아들이 말했다.

"엄마, 엄마는 방에 들어가서 일하면 안 돼?"

"왜?"

"나도 좀 혼자만의 공부 시간이 필요해서. 혼자 조용히 공부하고 싶어."

"그래, 알았어. 그럼 엄마 방에서 할게."

그러더니 아들이 덧붙였다.

"근데, 엄마. 내 핸드폰은 주고 갈 수 있어?"

"응? 핸드폰은 왜?"

"영어 공부하다가 모르는 단어가 나오면 찾아보게."

순간 의심이 스쳤다. 혼자서 공부를 하겠다. 근데 핸드폰은 놓고 가라……? 누가 봐도 고양이에게 생선을 맡기는 격이다. 그래도 한 번 믿어 보기로 했다. 이 녀석이 정말 공부를 할지, 아니면 '몰폰'을 할지 궁금하기도 했다.

그리고 딱 30분 뒤 방문을 열었다. 그때였다. 아들이 소스라치게 놀라며 자세를 고쳤다.

엄마 눈은 속일 수가 없다. 어쩜 그리도 예상에 적중하는지, 휴대폰을 보다가 딱 걸렸을 때 나오는 그 티 나는 부자연스러운 동작까지. 너, 딱 걸렸어!

그 순간 나는 갈림길에 있었다. "야! 너 지금 뭐 하는 거야?" 하고 다그칠 것인가, 아니면 모르는 척 넘어갈 것인가. 잠시 갈등했지만 나는 모르는 척 넘어가기로 했다.

"아들 뭐 해? 공부해?"

"으응……. 공부하고 있었어."

"그래? 엄마는 다시 마루에서 일할게. 방에서 하니까 답답하네."

이렇게 말하고 다시 마주 보고 앉아 각자 일을 했다. '몰폰' 하다 딱 걸렸지만, 일부러 속아 준 것이다. 아이에게 수치심을 주고 싶지 않았고, 한 번 더 스스로 선택할 기회를 주고 싶었다.

그날 밤 아들이 눈물이 그렁그렁한 채로 나에게 안겼다.

"엄마, 미안해. 공부한다고 하고 사실은 폰 봤어……."

나는 작은 어깨를 토닥이며 말했다.

"엄마가 알지. 하고 싶었겠지. 공부하다 보면 지루하잖아. 근데 할 일 먼저 끝내고 핸드폰 하면 훨씬 마음이 편해. 앞으로 연습해 보자."

아들은 내 품에서 한참을 울었다. 그 눈물을 보며 생각했다. 엄마가 믿어 줬다는 걸 알았구나. 그래서 스스로 부끄러워하고, 미안해할 수 있었구나.

그때 만약 이렇게 말했다면 어땠을까.

"야! 너 공부한다며! 단어 찾는다고 핸드폰 달라더니, '몰폰'이야? 왜 엄마를 속여? 아주 폰 중독이야. 그래서 엄마가 잠가 놓는 거야. 핸드폰 압수!"

그랬다면 아들은 단지 야단맞은 기억만 남았을 것이다. 스스로 돌아볼 여유는 없었을지도 모른다. 엄마의 사랑과 믿음을 느끼기보다, 들키지 않기 위한 기술만 더 늘었을지도 모른다.

"엄마가 알지. 하고 싶었겠지.
근데 할 일 끝내고 핸드폰 하면
훨씬 마음이 편해. 연습해 보자. "

아이를 키우며 옳고 그름을 가르치고 규칙을 세우는 일은 중요하다. 휴대폰 사용도 마찬가지다. 하지만 그 과정에서 우리가 자주 빠지는 함정이 있다.

'약속을 어긴 아이 vs. 그걸 잡아내는 부모'와 같이 부모와 아이가 적대적인 구도가 되면 우리는 어느새 싸우게 된다. 이때 시선을 살짝 바꿔 볼 수 있다. 부모와 아이를 나누지 말고 '미디어 사용을 조절하는 걸 같이 연습해 가는 한 팀, 즉 우리'로.

"너는 왜 약속을 안 지키니?"가 아이를 문제의 원인으로 두는 말이라면, "우리, 오늘은 여기까지 멈춰 보자."는 부모와 아이를 한 편으로 묶는 말이다.

아이도 자신을 이기고 싶어 한다. 해야 할 일을 먼저 끝내고자 하는 마음과 지금 당장 재밌는 걸 하고 싶은 마음 사이에서 매일 씨름한다. 그 싸움에서 매번 이긴다는 건 쉽지 않은 일이다. 어른인 우리도 늘 이기지 못하고 지곤 하니까.

이때 부모가 할 수 있는 일은, 아이를 감시의 대상으로 두는 것이 아니라 아이와 함께 같은 편에서 연습하는 사람이 되어 주는 것이다.

"너 왜 약속 안 지켜!"보다 "오늘은 우리가 약속한 시간보다 더 썼네. 내일은 시간 지키자."라고 말해 줄 때 아이 마음에는 '엄마와 나는 한 팀'이라는 감각이 자란다.

휴대폰을 둘러싼 싸움이 '아이 vs. 규칙'의 겨루기 구도가 아니라 '우리 vs. 미디어의 유혹을 함께 버텨 내기'의 구도가 될 때, 그렇게 아이와 한편이 되어 줄 때 아이는 스스로 조절할 힘을 키워 갈 수 있다.

우리가 되는 연습은 이렇게 시작된다. 상대방을 이기려 하지 않고 같은 편이 되어 주는 순간부터.

아이와 한 팀이 된다는 것은 아이의 잘못을 눈감아 주는 방임은 결코 아니다. 잘못 뒤에 숨은 아이의 연약함을 함께 짊어지겠다는 든든한 지지다. 부모가 한편이 되어 곁을 지켜 줄 때 아이는 비로소 정직해질 수 있는 용기를 낼 수 있다.

괜찮아, 정말 괜찮아!

: 실수한 사람을 대하는 연습

집 근처에 자주 가는 카페가 있다. 나는 주로 글을 쓰고, 아들은 어떤 날은 책을 읽고 어떤 날은 게임을 한다. 대부분 카페는 음악 소리가 큰데, 이곳은 늘 조용하다. 그래서 더 좋아하는 공간이다.

어제는 아들이 가장 좋아하는 친구와 함께 그곳을 찾았다. 아이들에게 시원한 딸기 쉐이크를 한 잔씩 들려주고, 나는 그 뒤 테이블에 자리를 잡았다. 그러나 평화는 그리 오래가지 않았다.

쨍그랑!

카페 안의 정적을 깨며 날카로운 소리가 울려 퍼졌다. '제발 우리 애 컵이 아니길.' 속으로 기도하며 고개를 돌렸지만, 예감은 빗나가지 않았다. 입이 짧아 거의 손도 대지 않은 아들의 딸기 쉐이크가 컵째로 바닥에 떨어져 있었다. 딸기 쉐이크와 얼음, 산산이

부서진 유리컵이 마루 위에 처참하게 흩어져 있었다.

순간 머리가 하얘졌다. 나는 연신 사장님께 죄송하다고 말씀드리며 허겁지겁 수습을 시작했다. 아들은 굳은 얼굴로 그 자리에 서서 어쩔 줄 몰라 했다.

잠시 후 치우는 걸 돕겠다며 다가오기에 말했다.

"이건 엄마가 할게. 유리 조각 있어서 다칠 수 있어."

"엄마, 미안해."

"그래, 엄마는 괜찮아. 그런데 사장님께는 정말 죄송하지."

문제는 유리 조각보다 딸기 쉐이크였다. 마루바닥 틈 사이로 스며든 분홍빛 흔적은 아무리 닦아도 쉽게 사라지지 않을 것 같았다.

괜찮다고 '말'은 했지만, 사실 내 '속'은 괜찮지 않았다. 이제 6학년이나 된 아이에게 컵을 테이블 안쪽에 두라고 수없이 말했는데도, 하필 그날도 간당간당한 자리에 컵을 두었다. 같은 테이블에 앉아 있었다면 바로 잡아 줬을 텐데, 오늘따라 떨어져 앉아 있었던 게 마음에 걸렸다. 고작 20분도 안 되는 시간에 사고를 치다니……. '앞으로 엄마 없이 어떻게 살아갈까?' 하는 쓸데없는 걱정까지 겹쳐졌다.

그런데 눈물을 글썽이며 어쩔 줄 몰라 하는 아들의 얼굴을 보니, 어떤 말도 더 얹고 싶지 않았다. 이미 자기가 잘못했다는 걸 충분히 알고 있을 것 같았다.

그때 사장님이 빗자루와 걸레를 들고 다가오셨다. 내가 연신 죄송하다고 말씀드리자, 사장님은 별일 아니라는 듯 웃으며 말했다.

"우리 아들도 맨날 이래요. 앞으로 크면 더 할 텐데요. 괜찮아요."

개미만 한 목소리로 "죄송해요……."라고 말하는 아들을 보며, 사장님은 다가와 등을 토닥이셨다.

"괜찮아, 괜찮아. 삼촌도 너만 할 때 이런 실수 엄청 했어. 많이 깨고, 많이 흘렸어. 정말, 괜찮아!"

그제서야 아들은 겨우 눈물을 멈췄다.

집으로 돌아오는 길에 물었다.

"아들, 오늘 뭐 배웠어?"

"컵은 트레이 위에 두거나, 테이블 안쪽에 둬야 해. 끝에 두면 안 돼."

"그렇지. 맞아. 그거 말고 또?"

아들이 잠시 생각하더니 말했다.

"앞으로 여기 카페에 자주 와서…… 매상을 올려 드려야 해."

그 말에 웃음이 터졌다. 미안함을 '매출'로 갚겠다는 발상이라니.

나는 다시 물었다.

"오늘 사장님이 태양이한테 어떻게 해 주셨지?"

"친절하게, 착하게 대해 주셨어. 내가 잘못한 건데 다 이해해 주셨어."

"그래, 오늘 정말 귀한 걸 배운 거야. 사장님이 오늘 너를 대했던 것처럼 너도 언젠가 누군가의 실수를 그렇게 대해 주면 돼."

아이는 자라며 많은 지식을 배운다. 수학 공식을 외우고, 영어 단어를 익힌다. 이런 것들을 누군가가 가르쳐 줘서 배우기도 하지만, 혼자서도 배울 수 있다. 책을 읽고, 강의를 들으며 익힐 수 있으니까.

하지만 친절과 이해, 용서와 사랑 같은 삶의 핵심은 혼자서는 결코 배울 수 없다. 이러한 것들은 나를 품어 주는 한 존재의 온기를 통해서만 비로소 내 것이 된다.

오늘 아들은 '실수한 사람을 어떻게 대해야 하는가'를 한 사람의 온기를 통해 배웠다. 언젠가 아들이 타인의 실수 앞에서 너그러운 어른이 된다면, 그것은 오늘 만난 사장님 같은 좋은 어른들이 보여 준 태도 덕분일 것이다.

나 역시 그런 어른이 되고 싶다.

실수한 누군가를 다그치기보다 먼저 "괜찮아."라고 말해 줄 수 있는 사람. 아들이 받은 그 용서를 다시 세상으로 흘려보내는, 조금 더 다정한 이웃으로 살고 싶다.

혼자였다면 끝까지
쓰지 못했을 이야기

: 있는 모습 그대로 수용하는 연습

프롤로그에 실린 아이를 경찰서로 데려갔던 에피소드는 사실 내 이전 책《엄마의 말 연습》초고에 들어갔던 원고였다. 당시 편집자님은 그 글을 특히 좋다고 했다. 생생하고, 인간적이고, 울림이 있는 글이라고. 그런데 책을 만드는 과정에서 그 글을 내가 빼자고 했다. 이유는 하나, 무서워서.

나는 글을 쓰면 먼저 블로그나 인스타 같은 내 SNS 채널에 올리고 독자의 반응을 보며 다듬어 가는 방식으로 책을 만든다. 당시 이 글을 SNS에 올렸을 때 반응은 극명하게 갈렸다. 공감의 댓글도 많았지만, "어떻게 공공기관을 그렇게 사적으로 이용하느냐.", "고작 이런 일로 애를 경찰서에 데려가다니, 이런 엄마 밑에서 자라는 애가 불쌍하다."라는 비난도 적지 않았다. 나는 겁이 났다. 이 글이 이리저리 공유되고, 알고리즘을 타고, 맥락 없이 떠돌며 나를 규정해 버릴까 봐. 결국 나는 그 인스타그램 피드를 지웠다. 그리고 그 글을 책에서 덜어 냈다.

그때의 나는 독자의 반응에 흔들렸고, 세상의 시선이 두려웠으며, 솔직함이 나에게 되돌려줄 상처를 견딜 힘이 없었다. SNS는 지우면 그만이지만, 책은 박제된다. 그래서 욕먹지 않을 법한 이야기만 골라 책에 실었다. 그때의 나는 사랑을 말하면서도 사랑받지 못할까 봐 겁내는 겁쟁이였다.

그로부터 3년이 흐른 지금, 나는 다시 그 글을 꺼내 이 책의 문을 열었다. 자기가 썼다가 자기가 지우고, 또다시 자기가 넣는다. 뭐, 이런 작가가 다 있나. 이랬다저랬다, 넣었다 뺐다. 물건 샀다 환불했다 반복하는 진상 고객도 아니고 말이다.

하지만 이번에 이 이야기를 꺼내는 이유는 3년 전과 다르다. 두려움이 완전히 사라져서는 아니다. 지금도 여전히 무섭다. 비난은 여전히 아프고 오해받을 만한 일은 피하고 싶다. 그런데도 용기를 낼 수 있는 건 내가 혼자가 아니며, 그간 나와 함께해 준 분들을 혼자 두고 싶지 않아서다.

"선생님, 마음이 너무 이해 가요. 선생님이 오죽하면 그랬겠어요."

"저도 그래요. 저도 그런 날이 있어요. 우리 모두가 그래요."

있는 모습 그대로의 나를 수용해 준 그 목소리는 나를 자책의 감옥에서 꺼내 주었다. 독자들은 나를 무너뜨린 존재가 아니라 흔들리던 나를 다시 일으켜 세워 준 존재였다. 숨지 않을 수 있는 용기는 내 안에서가 아니라 독자에게서 왔다.

돌이켜 보면 그 글을 지울 때의 두려움은 비단 내가 잘못했다는 사실 때문이 아니라 그 잘못을 혼자 감당해야 한다는 감각에서 비롯된 거 같다. 혼자일 때 사람은 더 쉽게 무너진다. 반대로 손을 잡아 주는 존재가 있을 때 사람은 다시 일어설 수 있다.

우리는 흔히 사람이 단단해지려면 사회성과 도덕성을 길러야 한다고 말한다. 사회성과 도덕성만 키워진 사람은 겉으로는 상식적이고 예의 바를 수 있다. 하지만 정작 가장 가까운 사람 앞에서는 쉽게 날카로워지기도 한다. 옳은 말은 잘하지만 다정한 말은 어려워지고, 판단에는 익숙하지만 수용에는 서툴 수 있다. 그래서 우리에게는 사랑이 필요하고 그 사랑을 배워 가야 한다. 사회성과 도덕성이 우리를 바깥에서 괜찮은 사람으로 세워 준다면, 사랑은 우리를 안쪽에서 무너지지 않게 붙잡아 준다.

옳고 그름의 잣대만 들이대면 사람은 쉽게 나뉘고 만다. 하지만 사랑을 선택하는 순간 우리는 한 팀이 될 수 있다. 위와 아래가 아니라 서로의 부족함까지 함께 품고 가는 우리라는 감각이 사랑 안에서 자라니까. 사랑은 잘 포장된 나를 내세우는 힘이 아니라 있는 그대로의 우리를 다시 이어 붙이는 힘이다.

내가 이 책에서 연약함과 모순, 이중성을 숨기지 않고 드러낼 수 있었던 건 그동안 함께해 준 분들의 사랑 덕분이다. 평범한 교사였던 사람이 작가가 된 것도, 이제는 교사도 아닌 사람이 여전히 부모 이야기를 쓰며 살아갈 수 있는 것도 다 독자분들의 지지와 사랑 덕분이다.

이제 내가 받았던 것처럼 이 자리에서 독자분들께 손을 내밀고 싶다. 이 책에서 말하는 우리는 육아를 잘하는 사람들의 모임이 아니다. 화 한 번 안 내는 완벽한 부모들의 공동체는 더더욱 아니다. 숱하게 넘어지고, 사랑에서 멀어지는 순간도 있지만 그때마다 다시 돌아오기를 포기하지 않는 오뚝이 부모들을 위한 자리다.

우리는 쓰는 사람과 읽는 사람으로 나뉘지 않는다. 가르치는 사람과 배우는 사람으로도 나눌 수 없다. 넘어지면서도 함께 연습하는 우리다.

부모라면 누구나 아이를 사랑한다. 하지만 사랑하고 사는 데에는 연습이 필요하다. 지금, 우리는 그 연습의 한가운데를 함께 걷고 있다.

엄마, 아빠! 고마워요

"엄마, 이거 선 예매해야 할 수 있어. 기말고사 끝나고 성적 나오고 나서는 티켓 못 구해. 그러니까 엄마, 아빠! 미리 끊어 줘."

전교 1등을 하면 그에 대한 보상으로 콘서트에 보내 주겠다고 한 건데, 전교 1등을 하지도 않았는데 콘서트 티켓부터 미리 끊어 달라고 한다. 말도 안 되는 논리다.

그런데 왜 설득이 되는 걸까? 애가 전교 1등을 할 거라고 철석같이 믿기 때문은 결코 아니다. 이 녀석으로 말할 것 같으면, 아침 6시에 일어나 자기 치장에만 열심이고, 공부는 뒷전이다. 학교에 가는 걸 재미있어하지만, 공부는 그다지. 밝고 긍정적이라는 이야기는 듣지만, 진득하게 공부를 하는 학구파는 결코 아니다. 그러니까 나는 애가 전교 1등을 못 할 것이 확실하다고 본다.

그런데도 딸아이의 말도 안 되는 논리에 왜 설득이 되냐 하면 바로 이런 거다. 얘가 열심히 해서 '호옥시'라도, 만약에 전교 5등쯤이라도 한다면? 성적이 많이 올랐는데도 전교 1등이 아니라는 이유로, 콘서트 티켓 창이 이미 닫혔기 때문에 자기가 그토록 원하던 콘서트에 못 간다면, 얼마나 아쉬울까? 게다가 내년이면 고등학생이 되어 입시에 매달릴 텐데, 이번이 10대의 마지막 추억이 될지도 모른다. 나는 답했다.

"알았어. 티켓팅해 줄게. 근데 진짜 열심히 해야 해. 전교 1등 꼭 해야 해."

그리고 속으로 이렇게 중얼거렸다.

1등 못 할 거 뻔히 알면서, 1등 못해도 다 보내 줄 거면서…….

나는 아이돌 콘서트 티켓을 끊는 게 그렇게 어렵다는 걸 이때 처음 알았다. 예매창이 열릴 때를 맞추어 '광클'은 필수고, 광클만으로는 부족해서 사전에 멤버십 가입을 해야 한다. 멤버십 대상으로 선예매 창이 열리는데, 대개 여기서 매진되고 잔여석이 많지 않기 때문이다. 결국 우리는 멤버십을 두 개 가입했다. 딸아이가 비행기는 혼자 탈 수 있는 나이가 됐지만, 김포공항에서 잠실까지 혼자 보내기엔 마음이 불안했다. 그래서 아빠가 함께 가기로 했다.

콘서트는 금요일과 토요일 저녁이었다. 금요일에 가려면 학교에 체험학습을 내야 하기 때문에 토요일 공연에 합의했다. 그리고 티켓 오픈. 초치기를 해야 했기에 남편과 딸이 나란히 대기했다. 딸은 학원을 빠질 정도로 티켓팅에 목숨을 걸었다.

땡 하고 티켓창이 열려 광클을 해야 할 이때, 나는 서울에서 미팅 중이었다. 곧 딸에게서 전화가 왔다. 목소리가 떨렸다.

"엄마…… 나 잘못해서 금요일 표를 끊었어……."

순간 황당해서 말이 안 나왔다. 그 중요한 순간에 결정적인 실수를 하다니. 본인이 "아빠! 토요일 표로 해야 해!"라고 신신당부해 놓고는 정작 자기가 잘못 눌렀단다.

잠시 후에 남편한테 전화가 왔다. 남편은 딸에게 정신 똑바로 차리라고 단단히 야단을 쳤으니 그냥 보내 줄까 싶다는 거다. 나는 그건 안 된다고 딱 잘랐다. 명백히 아이의 실수니까 본인의 실수까지 부모가 만회해 주면 아이가 책임을 배우지 못한다고 설득했다. 하지만 남편은 바뀌지 않았다. 좋은 자리를 취소하기 아까우니 체험학습까지 내서 콘서트를 보내 주자고 한다.

아무리 딸한테 한없이 약한 아빠라 하지만, 뭘 그렇게까지 해 주나. 이건 교육이 아니지 않냐고 아까의 도돌이표가 되어 가니,

남편이 기쁨이를 바꿔 주겠으니 딸한테 직접 말해 보란다. 꼭 곤란하면 나한테 토스한다.

"엄마… 저… 아까요. 표 끊을 때 제가 너무 긴장해서, 날짜를 잘못 눌렀어요……. 제가 실수했어요……. 취소할게요……. 흐흐흑. 취소할게요. 알겠어요……."

평소엔 안 쓰던 존댓말. 흐느끼는 목소리.

자기 잘못이니 취소하겠다는 말을 듣는데 그만 마음이 나 무너진다. 1초 만에.

"기쁨아, 그러면 이번에는 가. 보내 줄게. 대신 공부 열심히 하고 앞으로 정신 똑바로 차리고, 결정적인 순간에 실수 안 해야 해."

나도 그만 허락했다. 울음에 약해서였을까. 아니면 그 아이의 마음이 너무 선명히 느껴져서일까.

남편은 이겨 먹어도 자식은 못 이긴다. 이렇게 자식한테는 매번 지고 만다.

아이를 키우며 바보가 되는 순간들은 참 많다. 명백히 손해를 보면서도 손해라는 생각조차 들지 않는다. 갑질하는 사람 앞에서는 가만히 있지 않는 게 정의라 여겼는데, 아이들 앞에서 나는 자발적 을이 되고 만다. 살면서 이렇게 순순히 을이 된 적이 있나?

약육강식은 힘센 자가 힘이 없는 약자를 지배하는 논리다. 그런데 사랑에 있어서는 약육강식의 논리는 성립하지 않는다. 사랑에 있어서 힘의 논리는 사랑의 크기에 따라 좌우된다. 더 사랑하는 사람이 늘 약자가 되고 만다. 나이도, 능력도 아닌 그저 더 많이 사랑하는 자가 약자가 되는 구조. 그게 사랑의 관계 역학 같다.

시험이 끝났다. 예상대로 전교 1등은 아니었다. 그럼 전교 1등 하면 보내 주기로 한 콘서트는 어떻게 되는 건가? 시험 전 이미 티켓을 끊어 줬고 조건부라고 했기에 장난 반, 진심 반으로 말했다.

"기쁨아, 전교 1등 아니잖아. 콘서트는 못 가지?"

그랬더니, 다 큰아이가 혀 짧은 소리를 낸다.

"아잉~ 엄마 왜 그래~~ 그러지 마!"

시험 결과에 따라서 당근행이 될 수 있다고 말은 했지만, 진짜 그렇게 할 마음은 나에게도 없었다. 전교 1등은 무슨, 약속 못 지킬 거 알고 끊어 주었다. 열심히 하기를 바라긴 했지만 결과를 떠나 딸아이 간절한 소원이니 들어주고 싶었다.

결국 딸아이는 체험학습을 내고 아빠와 함께 콘서트에 갔다. 가까이 볼 수 있게끔 아빠가 카메라까지 대여해 줬단다. 콘서트를 다녀와 이렇게 말한다.

"엄마, 직접 가서 보니까 진짜 환상적이야. 소리랑 조명까지 환상적이라는 말로 다 설명이 안 돼. 진짜, 진짜 감동적이었고 정말 좋았어. 엄마, 아빠, 나 콘서트 보내 줘서 고마워!"

이 한마디에 내 모든 고민, 돈, 시간, 체험학습, 원칙, 교육적 딜레마까지 스르르 녹아내렸다. 콘서트 티켓에 서울까지 가는 왕복 비행기표까지 적지 않은 돈을 들였다. 또 예매와 광클, 서울을 오가기 위해 많은 시간을 썼다. 하지만 다 괜찮은 거, 그게 부모 마음 같다.

아이돌 콘서트가 딸에게 어떤 기억으로 남을까? 무대의 조명과 함성 사이에서 엄마, 아빠의 사랑도 같이 기억해 주면 좋겠다. 우리는 그거면 된다.

나는 진짜 사랑을
많이 받고 자랐어

내가 과연 사랑에 대해 말을 해도 되는 사람인가.

이 책의 마지막 장을 쓰기까지 이 질문은 끈질기게 나를 따라 붙었다. 그러니까 사랑이라는 숭고한 가치는 테레사 수녀, 간디 같은 성인들의 몫이지, 매일 아침 아이와 실랑이를 하고 가끔은 감정을 이기지 못해 소리를 지르는 평범한 엄마인 내가 감히 다룰 수 있는 주제인가 하는 생각이 들었기 때문이다. 원고를 마무리하던 중 나는 중학교 졸업을 앞둔 딸에게 속마음을 털어놓았다.

"기쁨아, 엄마가 너희한테 화도 내고 실망스러운 모습도 많이 보여 줬잖아. 엄마가 결코 인격적으로 온화한 사람이 아닌 걸 누구보다 너희가 잘 알 텐데, 내가 사랑에 대한 책을 써도 될까? 자꾸 마음이 무거워.”

“아이참, 엄마 또 시작이다.”

내 말이 끝나기도 전에 딸이 말했다.

“엄마는 하나를 잘못하면 인생 전체가 잘못된 것처럼 생각해. 세상에 화 한 번 안 내고 애 키우는 엄마가 어디 있겠어? 사랑하니까 화도 나고 속상하기도 한 거지. 남의 집 애가 약속 안 지키면 엄마가 그렇게까지 화가 났겠어? 다 사랑하니까 그런 거지. 근데 엄마처럼 ‘내가 왜 그랬을까, 어떻게 해야 할까?’ 고민하는 엄마는 진짜 드물어. 그렇게 고민하는 거 자체가 사랑이지. 나는 엄마가 나를 사랑하는 걸 늘 느꼈어. 내가 잘할 때도, 못할 때도. 엄마는 항상 내 옆에 있었어. 나는 진짜 사랑을 많이 받고 자랐어. 그러니까 꼭 해. 엄마가 잘할 수 있는 일이야.”

딸의 말을 떠올릴 때면 지금도 코끝이 찡해진다.

아이가 사랑받았다고 느낀 건 엄마가 흠 없는 사람이어서가 아니었다. 넘어지고 흔들려도 다시 사랑의 자리로 돌아오려 애썼던 그 연습의 과정을 아이는 사랑이라 불러 주었다.

부모로 산다는 건 자식을 잘 키우겠다는 결심이 아니라 흔들리는 순간마다 다시 곁으로 돌아오겠다는 선택이다. 딸과 나는 빛나는 성적표나 상장을 받아왔을 때만 함께하지 않았다. 기대 만큼 성적이 나오지 않아 낙담하던 순간에도, 공부는 뒷전이고 화장에만 몰두하던 사춘기 시절에도 우리는 늘 함께였다. 마주 앉아 밥을 먹고, 대화를 나누고, 부딪히면 사과하고, 화를 내더라도 결국엔 다시 풀어 갔다. 그 지루하고도 지리멸렬하고도 치열했던 반복 속에서 딸과 나는 서로에게 변하지 않는 상수가 되어 주었다.

사랑에 대해 말할 만큼 내가 성숙하지 않다는 생각은 어쩌면 순서가 뒤바뀐 말인지도 모른다. 성숙해서 사랑하는 게 아니라 사랑하면서 조금씩 성장하고 성숙해 가기 때문이다.

우리가 아이를 사랑하는 연습은 책에서 멈추지 않고, 내일 아침 아이와 마주한 밥상 앞에서, 하루 한 장 연산조차 안 하겠다고 우는 아이 앞에서 다시 시작될 것이다. 반복되는 일상의 씨름에 때로는 지치고 낙심이 되는 순간도 있을 것이다. 나 역시 내일 또 아이의 행동에 비교와 판단을 들이밀지도 모른다. 하지만 이제 는 자책의 늪에 오래 머물지 않으려 한다. 아이를 지구대로 끌고 헤매던 길 끝에서 내가 돌아와야 할 사랑의 자리를 찾았기 때문 이다. 여전히 넘어지지만, 이제는 돌아오는 길을 아는 엄마로 같은 자리에서 독자분들과 함께 걷고 싶다.

'우리 함께 갑시다.'

우리가 모든 비효율을 감수하며 아이 곁을 지켜 가는 사랑 노동은 결코 헛되지 않을 것이다. 훗날 우리 아이들이 "나는 진짜 사랑을 많이 받고 자랐어."라고 고백하는 그날로 돌아올 것을 믿는다면 좋겠다.

우리는 앞으로도 다시 넘어지겠지만, 괜찮다. 모든 흔들림 끝에 우리가 도착할 곳은 늘 사랑의 자리이기 때문이다.

20만 부모 멘토 윤지영 쌤의 말보다 행동으로 보여 주는 사랑의 기술

엄마도 사랑을 연습합니다

초판 1쇄 발행 2026년 3월 4일
초판 2쇄 발행 2026년 4월 23일

지은이 윤지영
펴낸이 민혜영
펴낸곳 카시오페아
주소 서울특별시 마포구 월드컵로14길 56, 3~5층
전화 02-303-5580 | **팩스** 02-2179-8768
홈페이지 www.cassiopeiabook.com | **전자우편** editor@cassiopeiabook.com
출판등록 2012년 12월 27일 제2014-000277호

ⓒ윤지영, 2026
ISBN 979-11-6827-416-7 03590